W0256552

Kritische Vergleichung

der

Elektrischen Kraftübertragung

mit den

gebräuchlichsten mechanischen Uebertragungssystemen.

Von

A. Beringer,

Regierungs-Maschinenbauführer.

Gekrönte Preisschrift.

Springer-Verlag Berlin Heidelberg GmbH

1883.

ISBN 978-3-642-47115-5   ISBN 978-3-642-47372-2 (eBook)
DOI 10.1007/978-3-642-47372-2

Softcover reprint of the hardcover 1st edition 1883

Vorwort.

Der vorliegenden Abhandlung wurde bei einem Preisausschreiben des Elektrotechnischen Vereins zu Berlin der Preis, welchen die Verlagsbuchhandlung von Julius Springer dem Vereine zur Verfügung gestellt hatte, einstimmig zuerkannt. Die in dem Ausschreiben geforderte einheitliche Betrachtung und Beurtheilung der verschiedenen Uebertragungssysteme bot mancherlei Schwierigkeiten, besonders, da die einzelnen Systeme fast nur in Hinsicht des Zweckes übereinstimmen, sonst aber in ihrer Form und Wirkungsart weit auseinandergehen. In der Abhandlung ist der Versuch gemacht, die Systeme zunächst systematisch zu gruppiren und dann die Vergleichung in allgemeinster Form auf Grundlage der Oekonomie durchzuführen. Der Verfasser hofft, dadurch der Abhandlung eine geschlossene und übersichtliche Form gegeben zu haben.

Charlottenburg, im Juni 1883.

A. Beringer.

Inhalt.

Vorbemerkung.

———

Sämmtliche Vorrichtungen, welche dazu dienen, vorhandene Triebkraft von dem Orte, wo diese gewonnen wird, nach beliebig entfernten Orten zu übertragen, werden als „Triebwerke" bezeichnet, und zwar unterscheidet man je nach der Entfernung, auf welche sie die eingeleitete Arbeit zu übertragen vermögen:

Ferntriebwerke und

Kurztriebwerke,

wobei man als Fernleitung einer Triebkraft eine solche betrachtet, für welche man die Entfernung der zu verbindenden Orte bis zu 1 Kilometer und darüber ausdehnen kann, so dass zu den ersteren gehören:

1. das elektrische Triebwerk*),
2. das Wasser-Triebwerk,
3. das Luft-Triebwerk,
4. das Drahtseil-Triebwerk;

dagegen zu den Kurztriebwerken die gesammten Vorrichtungen, welche durch Vereinigung von Wellen**), Stangen und Rädern entstehen, welche sich also zusammensetzen aus:

———

*) Anstatt der hier gewählten Bezeichnungen findet man vielfach die etwas längeren „System der Uebertragung von mechanischer Arbeit vermittelst Elektricität, bez. Wasser und Luft". Im Folgenden werden die kürzeren Namen Anwendung finden.

**) Es könnte hier die Frage aufgeworfen werden, ob sich nicht eine

5. Reibräder - Getrieben,
6. Zahnräder - Getrieben,
7. Kurbel - Getrieben,
8. Gestängen.

Die nachfolgenden Untersuchungen haben den Zweck, die genannten Triebwerke kritisch mit einander zu vergleichen, jedoch soll dies nicht allgemein geschehen, sondern, wie es in der Natur der Sache liegt, nur Ferntrieb dem Ferntrieb gegenübergestellt werden. Von einer Behandlung der Kurztriebwerke ist hier überhaupt Abstand genommen worden, da diese für die gegenwärtig schwebende Frage der Kraftübertragung keine Bedeutung haben.

Um die Faktoren zu finden, welche einer Beurtheilung der Güte eines Triebwerkes als Grundlage dienen können, werde folgende Betrachtung angestellt:

Wellenleitung so weit ausdehnen liesse, dass sie den Charakter eines Ferntriebwerkes annähme. Nun kann man allerdings eine Fernleitung durch Verlängerung des Wellenschaftes ausführen, aber die Uebertragung wird schon für geringe Längen sehr ungünstig, denn einerseits sind die Anlagekosten sehr hoch, andererseits wird der Nutzeffekt sehr niedrig. So würde für Uebertragung von 10 Pferdestärken eine Welle von 70 mm Durchmesser (bei 100 minutlichen Umdrehungen) nöthig sein, deren Preis pro Meter 17,50 Mk. beträgt. 100 Meter würden also 1750 Mk. kosten, und 1000 Meter 17 500 Mk., wobei sämmtliche Lager und Lagerstühle ungerechnet sind. Im Vergleich hierzu kostet ein Drahtseiltriebwerk für gleiche Stärke und Länge mit Einschluss sämmtlicher Rollen und Lagergestelle 1046 Mk. bez. 9560 Mk. Dasselbe Verhältniss besteht für Uebertragung grösserer Kräfte. Der auftretende Verlust an Triebkraft wird durch Reibung der Welle in ihren Lagern veranlasst. Wenn man hier auch annimmt, dass die Welle nicht durch Zahnräder oder Riemenscheiben belastet sei, so ist doch die durch das Eigengewicht bedingte Reibung so bedeutend, dass man sehr bald die Grenze der Uebertragung erreicht, wo die gesammte eingeleitete Triebkraft zur Ueberwindung der Reibung verbraucht wird. Durch Rechnung ergiebt sich diese Länge zu ca. 3000 m, so dass also für dieselbe der Nutzeffekt η gleich Null wird. Für Längen von 1500 m gehen 50% verloren, von 30 m 1%. Im Gegensatz hierzu arbeitet ein Drahtseiltriebwerk bei 1500 m immer noch mit einem Nutzeffekt von ca. 0,86. Diese Zahlen genügen, um das ungünstige einer derartig ausgedehnten Wellenleitung darzuthun, wesshalb auch im Folgenden von der weiteren Betrachtung derselben Abstand genommen ist.

Eine Arbeitsmaschine empfange die zu ihrem Betriebe nöthige Triebkraft von einem Motor, welcher in unmittelbarer Nähe der Arbeitsmaschine aufgestellt ist. Offenbar besitzt hier die Arbeitseinheit, welche von diesem erzeugt und in jener verbraucht wird, an beiden Maschinen denselben Werth, da ein vertheuerndes Zwischenglied fehlt. Dieser Werth, d. i. der Preis, den man für Arbeits- und Zeit-Einheit zahlen muss, kann je nach Art und Grösse des Motors in bestimmten Zahlen angegeben werden. Schaltet man nun zwischen Motor und Arbeitsmaschine irgend eines der genannten Triebwerke ein, so wird sofort der Werth der nutzbaren Triebkraft erhöht werden, denn einerseits erfordert die Anlage des Triebwerkes ein gewisses Kapital, für dessen Verzinsung etc. eine bestimmte jährliche Ausgabe anzusetzen ist, andererseits geht bei der Uebertragung ein Theil der eingeleiteten Triebkraft verloren, so dass in das Triebwerk stets eine grössere Arbeit eingeleitet und daher auch bezahlt werden muss, als am Ende desselben wieder nutzbar gemacht werden kann. Die Summe dieser Ausgaben ergiebt den wahren Werth der Triebkraft am Ende der Uebertragung, und offenbar verdient das System den Vorzug, bei welchem diese unter bestimmten Annahmen am niedrigsten ausfällt. Um also die Güte eines Triebwerkes beurtheilen zu können, ist es vorerst nöthig, den Werth der übergeleiteten Triebkraft für verschiedene Arbeitsgrössen und Uebertragungsentfernungen*) zu berechnen.

Für diese Bestimmung muss man kennen:

> 1. den Werth der Triebkraft dicht am Motor, vor Einleitung in das Triebwerk,

---

*) Die Uebertragungsentfernung ist im Folgenden als „Triebwerkslänge" bezeichnet. Weiter sind die Triebwerke stets nach der Anzahl der Arbeitseinheiten benannt, welche am Ende wieder nutzbar zu machen sind, so dass z. B. ein 5pferdiges Triebwerk am Ende ein Abnehmen von 5 Pferdestärken gestattet.

2. den Nutzeffekt des Triebwerkes, d. h. das Verhältniss
der wiedergewonnenen zur eingeleiteten Arbeit,

3. die Kosten der Anlage und Unterhaltung.

Was zunächst den Werth der Arbeitseinheit, wie sie vom
Motor abgenommen werden kann, anlangt, so war schon bemerkt
worden, dass derselbe für verschiedene Arten und Grössen der
Motoren verschiedene Werthe annimmt, und man kann in der
Hauptsache Dampf- und Wasserkraft unterscheiden.

Die erstere ist eine theuere Triebkraft, aber sie lässt sich
an jedem Orte in gewünschter Stärke erzeugen, ohne dass ihr
Werth mit Aenderung des Ortes wesentlich schwankt. Dagegen
ist die letztere die billige, unter Umständen fast werthlose Triebkraft, aber ihre Gewinnung ist an wenige von der Natur be-
günstigte Orte gebunden.

Für den Werth der Dampfkraft giebt Prof. Grove folgende
zuverlässige Daten*):

Pro Stunde und Pferdestärke sind zu zahlen:

1. bei Erzeugung kleiner Triebkräfte . . . . . . Mk. 0,316,
2. „ „ mittlerer „ . . . . . „ 0,219,
3. „ „ grosser „ . . . . . „ 0,085.

Der letzte dieser Werthe würde pro Pferdestärke und Jahr
bei 300 Arbeitstagen mit je 10 Arbeitsstunden einen Preis von
rund 250 Mk. ergeben.

Der Werth der Wasserkraft ändert sich sehr mit den lokalen
Verhältnissen. Er wird von G. Meissner zu $\frac{1}{5}$ bis $\frac{1}{10}$ des obigen
Werthes angegeben**) und soll hier zu 56 Mk. pro Pferdestärke
und Jahr oder zu 0,0066 Mk. pro Pferdestärke und Stunde angenommen werden, wenn man 360 Arbeitstage zu je 24 Arbeitsstunden voraussetzt.

---

*) Siehe Vortrag des Genannten, gehalten in der Generalversammlung
des Gewerbevereins zu Hannover, 3. Juli 1876.
**) G. Meissner, Hydraulik.

Um noch weitere Vergleiche vornehmen zu können sei der Preis der Pferdestärke angegeben, wie sie von Gasmotoren geliefert wird. Prof. Grove giebt in dem schon genannten Vortrage folgende Zahlen:

Für Amortisation, Verzinsung und Reparatur 15%
des Anschaffungspreises der Gaskraftmaschine
von 1500 Mark pro Pferdestärke . . . . . 0,075 Mk.

Gasverbrauch 0,8 cbm pro Stunde und Pferdestärke à 0,175 Mark . . . . 0,140 „

Wartung, Oel etc. . . . . 0,040 „

Summa: 0,255 Mk.

Man hat also circa 25 Pfennige pro Pferdestärke und Stunde zu zahlen. — Dampfkraft in kleinem Maassstabe kann man zu den oben angegebenen Preisen an jedem Orte erzeugen, und es hätte wenig Zweck, an einen solchen kleinen Dampfmotor noch ein kraftvertheuerndes Ferntriebwerk anzuhängen. Offenbar wird man ein Ferntriebwerk nur anlegen, wenn der Werth der übergeleiteten Triebkraft immer noch geringer wird, als der einer an Ort und Stelle erzeugten Kraft, und es bilden hiervon nur die wenigen Fälle eine Ausnahme, wo die Anlegung eines Motors in der Nähe der Arbeitsmaschinen durch örtliche Verhältnisse verboten ist, wie z. B. beim Bergwerks- und Tunnelbau. Im Folgenden ist daher vorausgesetzt, dass die Kraftquelle eine verhältnissmässig billige Triebkraft liefert, also eine Grossdampfmaschine oder ein Wassermotor ist. Dem Triebwerk fällt die Aufgabe zu, diese ganz oder getheilt zu übertragen.

Der Nutzeffekt lässt sich bestimmen, sobald die Grösse der auftretenden Kraftverluste bekannt ist. Die letzteren können für einzelne Triebwerke auf theoretischem Wege, für andere nur aus Versuchsresultaten ermittelt werden. Da es sich in der vorliegenden Abhandlung zumeist um eine Beurtheilung bereits ausgeführter, nicht um die Konstruktion neuer Triebwerke handelt, so sind die Theorien der einzelnen verwendeten Maschinen nur soweit angegeben, als es die Berechnung des Nutzeffektes erfordert. Die hierauf bezüglichen Angaben sind zusammen mit den allgemeinen Berechnungen des Werthes der übergeleiteten Triebkraft im Folgenden für jedes System getrennt aufgeführt, nur am Schluss der Abhandlung ist eine Zusammenstellung und Vergleichung der für die verschiedenen Triebwerke gefundenen Resultate vorgenommen.

I.

Das elektrische Triebwerk.

§ 1.

Von allen Triebwerken ist das elektrische seiner Anwendung nach das jüngste, denn es sind kaum 10 Jahre vergangen, seitdem man mit wirklichem Erfolge den elektrischen Strom zur Arbeitsübertragung herangezogen hat. Trotzdem zeigt dasselbe, wie die folgenden Zahlen beweisen werden, schon jetzt vor den übrigen, besonders den Wasser- und Luft-Triebwerken solche Vortheile, dass man für die Zukunft zu den kühnsten Hoffnungen berechtigt ist. — In einem elektrischen Triebwerk hat man folgenden principiellen Vorgang:

Durch den Motor, welcher die zu übertragende Arbeit liefert, wird eine dynamo- oder magnet-elektrische Maschine in Thätigkeit gesetzt, in welcher eine der aufgewendeten mechanischen Energie gleichwerthige elektrische erzeugt wird. Der entstehende Strom fliesst durch Leitungsdrähte einer zweiten Maschine zu, in welcher der umgekehrte Process vor sich geht, d. h. die elektrische Energie wieder in mechanische verwandelt wird.

Man hat also zu trennen:

1. Die Vordermaschine (primäre Maschine, Stromerzeuger),
2. die Leitung,
3. die Hintermaschine (sekundäre Maschine, Elektromotor).

Was die vorstehenden Bezeichnungen anlangt, so sind in Deutschland bisher diejenigen „primäre" und „sekundäre Maschinen" üblich. Im Folgenden sollen die ebenso charakteristischen Benennungen „Vordermaschine" und „Hintermaschine" angewendet werden, wobei nur noch bemerkt sei, dass dieselben hier im umgekehrten Sinne gebraucht werden, als sie ihr Erfinder, Prof. Rühlmann in Hannover (Allgemeine Maschinenlehre Bd. I. S. 27) angewendet wissen will, welcher mit dem Namen „Vordermaschine" jeglichen Motor (also auch hier den Elektromotor), mit „Hintermaschine" jede Arbeitsmaschine, als Pumpen, Compressoren etc., belegt.

Zu Triebwerkszwecken sind ausschliesslich in Gebrauch die Maschinen von Siemens (System v. Hefner-Alteneck) und die von Gramme mit ihren Abarten (Schuckert etc.). Bei diesen sind Stromerzeuger und Elektromotor der Form nach identisch, so dass man ein und dieselbe Maschine sowohl als Vorder- wie als Hintermaschine verwenden kann. — Die Verschiedenheiten in Konstruktion und Wirkungsweise der genannten Maschinen sind in letzter Zeit Gegenstand so vielfacher Erörterungen geworden, dass hier von einer Beschreibung Abstand genommen werden kann.

§ 2.

Die Grundgesetze für den Process in einem elektrischen Triebwerke, d. h. die Formeln, welche den Zusammenhang geben zwischen aufgewendeter, verlorener und wiedergewonnener Arbeit, lassen sich ohne weiteres aus dem Ohm'schen und Joule'schen Gesetze ableiten.

Wenn man mit:

E die elektromotorische Kraft der Vordermaschine,

e „ „ „ „ Hintermaschine,

J die Stromstärke,

W den Gesammtwiderstand des Kreises bezeichnet,

so ergiebt das Ohm'sche Gesetz:

$$(1) \qquad JW = \Sigma E = E - e.$$

Benennt man weiter mit:

A_1 die in der Vordermaschine aufgewendete Arbeit,

A_2 „ „ „ Hintermaschine wiedergewonnene Arbeit,

S den durch den Widerstand des Kreises verursachten Arbeitsverlust, oder wie dieser häufig genannt wird, die „Stromwärme“,

c eine Konstante, welche von der Wahl der elektrischen Maasseinheiten abhängt,

so ist, wenn man für beide Maschinen einen idealen Umsetzungsprocess voraussetzt, d. h. wenn die mechanische Energie vollständig in einen den Draht durchfliessenden Strom verwandelt wird, nach dem Joule'schen Gesetze:

$$(2) \quad \begin{cases} A_1 = c \cdot E \cdot J \\ A_2 = c \cdot e \cdot J \\ S \; = c \cdot J^2 \cdot W. \end{cases}$$

Hier muss immer erfüllt sein: $A_1 = S + A_2$.

Durch Benutzung der Gleichung (1) erhält man:

$$(3) \quad \begin{cases} A_1 = c \cdot \dfrac{E\,(E - e)}{W} \\[2ex] A_2 = c \cdot \dfrac{e\,(E - e)}{W} \\[2ex] S \; = c \cdot \dfrac{(E - e)^2}{W}. \end{cases}$$

Der Nutzeffekt des Systemes ist ausgedrückt durch:

$$\eta = \frac{A_2}{A_1} = \frac{e}{E},$$

ist also gleich dem Verhältniss der elektromotorischen Kräfte, und nähert sich der Einheit, je mehr e gleich E wird.

Wollte man für ein gegebenes E und W das Maximum von A_2 bestimmen, so würde man erhalten:

$$e = \frac{E}{2} \text{ und } A_2 = c \cdot \frac{E \cdot J}{2} = \frac{1}{2} \cdot A_1,$$

d. h. der Nutzeffekt η wird gleich 0,50.

Diese Maximalbestimmung für die wiedergewonnene Arbeit findet sich zuerst in einem Aufsatze von Mascart*). Dieselbe ist in technischen Kreisen vielfach falsch gedeutet und als eine Maximalbestimmung für den Nutzeffekt angesehen worden, woher man zu der Meinung kam, dass ein elektrisches Triebwerk überhaupt nicht mehr als 50 % der eingeleiteten Arbeit wiedergeben könne. Dass man jedoch mit demselben jeden beliebigen Nutzeffekt erzielen kann, zeigen am besten die Gleichungen (3), wonach die verlorene Arbeit S nur der Differenz der elektromotorischen Kräfte proportional ist, während A_1 und A_2 mit den absoluten Werthen von E und e wachsen. Die hier entwickelten Formeln lassen sich sehr gut graphisch illustriren, was für einfachste Fälle von A. Niaudet (Machines électriques à Courant continus p. 76 u. 93) und in jüngster Zeit in ausführlicher Weise von O. Frölich (Elektrotechnische Zeitschrift 1883 S. 67) ausgeführt ist. Die genannten Darstellungen finden sich in der technischen Litteratur so häufig, dass hier von einer Wiederholung Abstand genommen werden kann.

Ersetzt man in den Gleichungen (3) e durch ηE so erhält man:

$$(4) \quad \begin{cases} A_1 = c\,(1 - \eta)\,\dfrac{E^2}{W} \\[2em] A_2 = c\,(1 - \eta) \cdot \eta \cdot \dfrac{E^2}{W} \\[2em] S \;= c\,(1 - \eta)^2 \cdot \dfrac{E^2}{W}. \end{cases}$$

Die Formeln besagen: Den Nutzeffekt eines elektrischen Triebwerkes kann man unabhängig von W, also auch unabhängig von der Uebertragungsweite, konstant erhalten, wenn man nur $\dfrac{E^2}{W}$ konstant erhält, d. h. wenn man E wie die Quadratwurzel aus W wachsen lässt. Man könnte also dem Triebwerk eine

---

*) Siehe Journal de Physique 1877.

beliebige Länge geben, wenn man auch E ohne Grenze steigern könnte. Dem ist aber nicht so, denn wie man beim Bau von Hochdruckdampfkesseln und Dampfmaschinen sehr bald an die Grenze der Ausführbarkeit gelangt, so gilt ein gleiches für Herstellung von Maschinen für Erzeugung starkgespannter Ströme. Einmal ist die Dauerhaftigkeit derselben sehr in Frage gestellt, — auf die specielle Einrichtung der Maschine wird noch im Folgenden näher eingegangen werden — und dann sind sowohl Maschinen wie Leitungen, welche von derartig stark gespannten Strömen durchflossen werden, für all die Personen, welche in ihrer Nähe beschäftigt sind oder ihnen aus Unvorsichtigkeit zu nahe kommen, ungemein gefährlich.

Die verlorene Arbeit wurde dargestellt durch die Gleichung

$$S = c \cdot J^2 \cdot W,$$

wo W den Gesammtwiderstand des Kreises ausdrückt. Dieser Arbeitsverlust vertheilt sich auf die Vordermaschine, die Leitung und die Hintermaschine, sodass man erhält:

$$c \cdot J^2 \cdot W = c \cdot J^2 \cdot W_1 + c J^2 \cdot W_2 + c J^2 \cdot W_0,$$

wo W_1 den Widerstand der Vordermaschine,
W_2 „ „ „ Hintermaschine,
W_0 „ „ „ Leitung

ausdrücken. Demgemäss zerlegt sich auch der Nutzeffekt in drei entsprechende Faktoren.

Man erhält als Nutzeffekt der Vordermaschine:

$$\eta_1 = \frac{c \cdot J \cdot E - c J^2 \cdot W_1}{c \cdot J \cdot E} = \frac{E - J \cdot W_1}{E}.$$

Entsprechend ergeben sich die weiteren Werthe

$$\eta_0 = \frac{E - (W_1 + W_0) \cdot J}{E - J \cdot W_1}$$

$$\eta_2 = \frac{E - (W_1 + W_0 + W_2) J}{E - (W_1 + W_0) \cdot J} = \frac{E - W \cdot J}{E - (W_1 + W_0) \cdot J} = \frac{e}{e + J \cdot W_2}$$

$$\eta = \eta_1 \cdot \eta_2 \cdot \eta_0 = \frac{e}{E}.$$

Bei Anwendung dieser Formeln muss man aber bedenken, dass ein idealer elektrischer Process vorausgesetzt war, d. h. ein Process, bei welchem in der Vordermaschine eine vollständige Umsetzung der mechanischen Energie in elektrische, und dasselbe bei der Hintermaschine nur umgekehrt stattfindet. Dem ist in Wirklichkeit nicht so. Zunächst wird der Nutzeffekt durch die sogenannten Foucault'schen Ströme herabgedrückt, d. h durch die Ströme, welche im weichen Eisen des rotirenden Ankers inducirt werden*). Jeder dieser Ströme kreist in einem gewissen Widerstande und ruft daher eine Stromwärme hervor, welche zur Erhitzung der Maschine wesentlich beiträgt. Man muss daher zu der in der Vordermaschine aufzuwendenden Arbeit einen dieser Stromwärme gleichwerthigen Arbeitstheil addiren, dagegen für die von der Hintermaschine geleistete Arbeit in Abzug bringen, woher sich ergiebt;

$$A_1 = cJE + F_1$$
$$A_2 = c \cdot J \cdot e - F_2$$

und

$$\eta = \frac{A_2}{A_1} = \frac{c \cdot Je - F_2}{c \cdot J \cdot E + F_1}.$$

Ausserdem treten bei der Bewegung passive Widerstände, wie Luftreibung, Zapfenreibung, Riemengleiten etc. ein, welche sämmtlich mit in Betracht zu ziehen sind, und welche den rein elektrischen Nutzeffekt $\eta = \dfrac{e}{E}$ wesentlich beeinträchtigen, sodass man den praktisch erzielbaren Nutzeffekt streng von jenem zu unterscheiden hat.

Wenn man die hervorragenden Arbeiten und Versuche von Marcel Deprez als maassgebend ansehen will, so hat man als mittleren Nutzeffekt einer Maschine den Werth 0,85 zu nehmen. Es seien hier die Zahlen angeführt, welche Deprez

---

*) Siehe hierüber O. Frölich, Versuche mit dynamoelektrischen Maschinen, Elektrotechnische Zeitschrift 1881.

bei seinen jüngsten Versuchen an der französischen Nordbahn
erhalten hat*).

Nummer des Versuchs	Elektrische Energie umgesetzt in der		Mechanische Arbeit		Nutzeffekt der Umsetzung für die	
	Vorder-maschine $= \dfrac{E \cdot J}{75 \cdot g}$	Hinter-maschine $= \dfrac{e \cdot J}{75 \cdot g}$	übertragen auf die Vorder-maschine A_v	erhalten durch die Hinter-maschine A_h	Vorder-maschine η'_1	Hinter-maschine η'_2
	P. S.	P. S.	P. S.	P. S.		
I	2,663	0,362	3,296	0,578	0,809	1,596 (?)
II	2,923	0,454	3,331	0,489	0,877	1,077 (?)
VI	7,336	4,831	8,259	3,939	0,888	0,815
VII	6,991	4,222	7,408	3,572	0,944	0,846
VIII	8,097	5,809	9,731	4,439	0,832	0,764

Es muss jedoch bemerkt werden, dass die hier angegebenen
Nutzeffekte η'_1 und η'_2 nicht die eigentlichen Nutzeffekte der
Maschine darstellen, sondern dass sie nur die angedeuteten Verluste durch Foucault'sche Ströme und passive Widerstande be-
rücksichtigen. Die Zahlen der Versuche I u. II zeigen für η'_2
das allerdings merkwürdige Resultat, dass ein Nutzeffekt über
1,00 erzielt worden ist, und muss man dieses wohl Beobachtungs-
fehlern zuschreiben. Wie die Tabelle zeigt, ergiebt sich für die
Vordermaschine der Mittelwerth 0,870, für die Hintermaschine
der Werth 0,806. Man wird diese Zahlen als zuverlässige und
wirklich erreichbare Grössen annehmen können, sodass, wenn
das Produkt beider in die Rechnung einzuführen ist, $\eta'_1 \cdot \eta'_2 = 0,70$
zu setzen ist. Vielfach wird von anderer Seite angegeben, dass
Maschinen die Nutzeffekte 0,90 und 0,92 erreichen. Edison will
sogar die Zahl 0,94 dauernd erzielen. Jedoch fehlen hierüber
authentische Versuche. Leider ist bei den ausführlichen Versuchen, welche von Siemens & Halske über Kraftübertragung
angestellt und von O. Frölich in der Elektrotechnischen Zeit-

*) Siehe La Lumière électrique 1883, S. 457.

schrift 1881 mitgetheilt sind, die Arbeit des Leerganges in Abzug gebracht, so dass man die obigen Werthe nicht gut bestimmen kann. Dagegen sind gerade diese Versuchsreihen die einzigen — ausser den älteren Tabellen von Meyer und Auerbach (Wiedemann's Annalen 1879) — welche eine eingehende Untersuchung des in Dynamomaschinen vor sich gehenden Umwandlungsprocesses zulassen.

Was nun den Verlust durch Stromwärme anlangt, d. i. der Verlust, welcher den rein elektrischen Nutzeffekt des Triebwerkes bestimmt, so kann man auch für diesen aus den vorhandenen Versuchsreihen Mittelwerthe angeben. Zunächst lässt sich für die Leitung, welche Vorder- und Hintermaschine mit einander verbindet, bei gegebener Stromstärke sofort der ökonomisch günstigste Durchmesser ermitteln und zwar unabhängig von der Länge derselben. Die Rechnung wird weiter hinten ausgeführt werden. Daraus ermittelt sich direkt der auf die Leitung fallende Verlust. Nimmt man dann weiter an, dass der innere Widerstand der Vorder- und Hintermaschine einen bestimmten Bruchtheil des Gesammtwiderstandes ausmachen soll, so ergiebt sich ohne Mühe der gesammte Verlust durch Stromwärme.

Für das Verhältniss des Gesammtwiderstandes W zu dem der Vordermaschine und der Hintermaschine ergiebt sich aus den veröffentlichten Daten im Mittel $\dfrac{W_1}{W} = \dfrac{W_2}{W} = 0{,}25$. Bei den Versuchen von Deprez in München und Paris war die Zahl etwas kleiner, nämlich 0,18 bis 0,24. Hiernach ist man im Stande, für jede Anlage den Nutzeffekt annähernd zu berechnen.

§ 3.

Ueber den in dynamoelektrischen Maschinen vor sich gehenden Umsetzungsprocess der mechanischen Energie in elektrische liegen mehrere theoretische Arbeiten vor, von welchen die werthvollsten W. Thomson und O. Frölich zu Verfassern haben.

Frölich*) geht bei seinen Untersuchungen von der Grundgleichung aus:

$$(5) \qquad E = n\,M\,u$$

wo bedeutet:

E die elektromotorische Kraft der Maschine,
u die Anzahl der minutlichen Umdrehungen des Ankers,
n die Anzahl der Drahtwindungen auf diesem,
M eine Grösse, welche die Summe der elektromotorischen Kräfte einer Windung bei einer Umdrehung darstellt.

Während M für eine Magnetmaschine eine nahezu konstante Grösse ist, wird sie für dynamoelektrische Maschinen, d. h. für solche, welche ihre Magnete selbst erregt, eine Funktion der Stromstärke. Ausserdem ist M noch proportional der Anzahl der Drahtwindungen auf den Schenkeln, so dass man setzen kann:

$$M = n_1 \cdot f(J).$$

Nimmt man hier noch das Ohm'sche Gesetz hinzu:

$$E = J\,W,$$

wo entgegengesetzt wirkende elektromotorische Kräfte durch gleichwerthige Widerstände ersetzt gedacht sind, so kann man entwickeln:

$$(6) \qquad \frac{J}{f(J)} = n \cdot n_1 \cdot \frac{u}{W}$$

Die Stromstärke stellt sich also dar als Funktion des Verhältnisses der Umdrehungszahl zum Gesammtwiderstande. Für weitere Rechnungen muss man aus den Versuchsreihen eine empirische Formel für $f(J)$ aufstellen. Frölich setzt

$$\frac{u}{W} = a + 6\,J,$$

führt also ein lineares Aenderungsgesetz ein. Im Anschluss an die merkwürdige Eigenschaft der Dynamomaschine, erst von einer gewissen Umdrehungszahl ab Strom zu geben, folgert nun Frölich, dass durch $u_0 = a \cdot W$ die todten Touren ausgedrückt

---

*) Elektrotechnische Zeitschrift. 1881.

seien. Allerdings ist hierfür $J = 0$, aber nach der Form der Gleichung wird für kleinere Werthe von $\dfrac{u}{W}$ J nicht imaginär, wie es doch sein müsste, sondern wechselt nur sein Vorzeichen, so dass sich die Stromrichtung umkehren müsste, was der Wirklichkeit nicht entspricht. Für die folgenden Untersuchungen soll daher dieser Weg nicht weiter verfolgt werden. Eine Umformung der Grundgleichung

$$E = Mnu = f(J) \cdot n \cdot n_1 \cdot u$$

lässt sich in folgender Weise ausführen. Man kann nämlich die Anzahl der Windungen auf Anker und Schenkel in Beziehung zu den entsprechenden Widerständen bringen, denn wenn bezeichnet:

L die Totallänge des auf den Anker gewickelten Drahtes,

l die Länge einer Windung,

B das Totalvolumen des Drahtes (d. h. den Wickelungsraum),

$\dfrac{B}{q}$ das Volumen des Kupfers allein,

A den Querschnitt des Drahtes mit Isolation,

a den Widerstand desselben,

σ den specifischen Widerstand des Kupfers,

so ist:

$$n = \frac{L}{l}, \; B = AL \; und \; n = \frac{B}{l} \cdot \frac{1}{A}.$$

Da der Wickelungsraum für jede Maschine von gegebener Grösse bestimmt ist, so ist $\dfrac{B}{l}$ konstant, also n umgekehrt proportional dem Querschnitt des Drahtes. Weiter ist:

$$a = \frac{\sigma \cdot L}{\dfrac{A}{q}} = \frac{q \cdot \sigma \cdot B}{A^2},$$

woraus folgt:

$$A = \frac{\sqrt{q \cdot \sigma \cdot B}}{\sqrt{a}}.$$

Man erhält daher für n:

$$n = \frac{B}{l} \cdot \frac{l}{A} = \frac{B}{l \sqrt{q \sigma B}} \cdot \sqrt{a} = \frac{\sqrt{a}}{K},$$

wo K für jede Maschine eine Konstante ist.

Dasselbe ergiebt sich für die Schenkel, wo der Widerstand mit s bezeichnet werden möge.

Es ist demnach:

$$(7) \qquad E = f(J) \frac{\sqrt{a} \cdot \sqrt{s}}{K \cdot K_1} \cdot u.$$

Die Grösse $f(J)$, welche man nach Frölich den „wirksamen Magnetismus" nennen kann, hängt von der Stärke des die Elektromagnete erregenden Stromes ab. In gewissen Grenzen kann dieser wirksame Magnetismus proportional gesetzt werden der Stärke J des erregenden Stromes. Ueber diese Grenze hinaus muss man zu der einfachen Proportionalität noch eine Funktion der Stromstärke hinzufügen, welche die immer geringere Zunahme der magnetischen Capacität des Schenkeleisens bei wachsender Stromstärke und den dann immer stärker fühlbaren entmagnetisirenden Einfluss der Ankerwindungen zum Ausdruck bringt.

Man kann also setzen:

$$E = J \cdot \varphi(J) \cdot \frac{\sqrt{a} \cdot \sqrt{s}}{K \cdot K_1} \cdot u.$$

In den meisten Fällen ist die Arbeit gegeben, welche die Maschine leisten soll. Aus dieser muss man zunächst die Zugkraft Z bestimmen, was nach der Formel geschehen kann:

$$Z = \frac{60 \cdot 75}{2\,r\,\pi} \cdot \frac{N}{u},$$

wo N die Arbeit in Pferdestärken, r den Hebelarm, an welchem Z wirkt, in Metern bezeichnet.

Bestimmt man r so, dass $2\,r\,\pi = 1$, also $r = 0,159$ m wird, so ist die Gleichung:

$$Z = 4500\,\frac{N}{u}.$$

Bezeichnet weiter v die Geschwindigkeit eines Punktes in der Entfernung 0,159 von der Axe, so hat man:

$$v = \frac{u}{60}.$$

Nun besteht die Gleichung:

$$Z = \frac{E \cdot J}{g \cdot v} = \frac{J^2 \cdot W}{g \cdot v},$$

wodurch Gl. (7) übergeht in

$$(8) \qquad Z = J^2 \cdot \varphi(J) \cdot \frac{\sqrt{a} \cdot \sqrt{s}}{K \cdot K_1} \cdot \frac{1}{60}.$$

Wenn man hier $\varphi(J)$ als eine Konstante betrachtet, so dass sich also E proportional der Stromstärke ändern würde, so wird Z proportional dem Quadrate von J, wie Deprez in seinem Aufsatze über die Zugkraft*) annimmt. Allerdings kommt diese Annahme der Wirklichkeit nicht sehr nahe, man müsste vielmehr, um den Versuchszahlen sich einigermaassen anzuschmiegen, setzen: $\varphi(J) = c \cdot J^{-0,70}$ oder $J \cdot \varphi(J) = c \cdot J^{0,30}$, wonach Z proportional der 1,30 Potenz von J wachsen würde. Aber all diese Annäherungen sind nur sehr wenig zutreffend. Das aber zeigt die Gleichung (8), dass Z nur eine Funktion der Stromstärke und unabhängig von der Geschwindigkeit der Maschine ist, so dass für konstante Z die Stromstärke ebenfalls konstant bleibt. Wenn man also eine Dynamomaschine als Hintermaschine benutzt und derselben einen Prony'schen Zaum anlegt, welcher durch ein konstantes Gewicht belastet ist, so muss sich die Geschwindigkeit der Maschine von selbst so einstellen, dass die Intensität stets die gleiche bleibt. Und in der That beweisen die Versuche von Deprez vollständig obigen Satz.

---

*) Siehe Lumière électrique, 1882 Vol. VII. S. 600.

Eine ungemein hohe Annäherrng an die von Deprez und Frölich veröffentlichten Zahlen über das Verhältniss von Stromstärke und Zugkraft liefert die Formel:

$$J^2 = 2\,\alpha\,Z + \beta^2 Z^2,$$

worin also ein hyperbolisches Verhältniss zwischen beiden Grössen vorausgesetzt ist. Berechnet man hiernach die Stromstärke, Zugkraft und elektromotorische Kraft als Funktion des Verhältnisses der Geschwindigkeit zum Gesammt-Widerstande, so erhält man:

$$(9) \quad \begin{cases} J = \dfrac{g}{\beta} \cdot \dfrac{v}{W} \sqrt{1 - \dfrac{2\,\alpha}{g} \cdot \dfrac{W}{v}} \\[2ex] E = \dfrac{g}{\beta} \cdot v \sqrt{1 - \dfrac{2\,\alpha}{g} \cdot \dfrac{W}{v}} \\[2ex] Z = \dfrac{g}{\beta^2} \cdot \dfrac{v}{W} \cdot \left(1 - \dfrac{2\,\alpha}{g} \cdot \dfrac{W}{v}\right). \end{cases}$$

Die Zugkraft steht also in einem linearen Verhältniss zu $\dfrac{v}{W}$. Die Gleichung für J zeigt einige interessante Eigenschaften. Zunächst wird J imaginär für Werthe von $\dfrac{W}{v}$, die kleiner sind als $\dfrac{g}{2\,\alpha}$, so dass sich die Geschwindigkeit der todten Touren zu

$$v_0 = \dfrac{2\,\alpha}{g} \cdot W$$

ergiebt. Wenn weiter hin v sehr gross oder W klein wird, so nähert sich doch der Ausdruck der Form $J = A \cdot \dfrac{v}{W}$, und die Kurve hat eine Asymptote, welche bei Eintragung von J und $\dfrac{v}{W}$ in rechtwinklige Koordinaten, nahezu durch den Koordinaten-Anfangspunkt geht. Die graphischen Darstellungen von Frölich[*] und Meyer und Auerbach[**] zeigen diesen Verlauf zur Genüge. Eine ähnliche Beziehung zwischen J und Z wird man

---

[*] Siehe O. Frölich, Versuche mit dynamoelektrischen Maschinen. Elektrotechnische Zeitschrift 1881, S. 134.

[**] Meyer und Auerbach, Ueber die Ströme der Gramme'schen Maschine. Wiedemann's Annalen 1879, S. 494.

stets annehmen müssen, um eben für die eigenthümliche Erscheinung der todten Touren eine mathematische Erklärung zu haben.

§ 4.

Allgemein wird man bei Aufstellung eines elektrischen Triebwerkes darnach trachten müssen, die hierzu verwendeten Maschinen möglichst auszunutzen. Nun ist die Maximalleistungsfähigkeit einer Maschine begrenzt durch die Umdrehungszahl, die Stromwärme und die elektrische Spannung.

Für die Umdrehungszahl lässt sich keine bestimmte Grenze angeben, sie ist für verschiedene Konstruktionen verschieden und muss sich aus dem längeren Gebrauch der Maschine ergeben. Jedenfalls wird man die Maschinen so schnell als möglich laufen lassen, so dass die Umdrehungszahl den Charakter einer variablen Grösse verliert und als eine Konstante betrachtet werden kann. Wenn man also in einer Maschine von bestimmter Grösse die Wirkungsweise variiren will, so kann man dieses nur durch Aenderung der Drahtquerschnitte auf Anker und Schenkel. Nun hat sich aber ergeben, dass eine Maschine bei gleicher Tourenzahl und gleichem Wickelungsraum stets dieselbe Arbeit leistet, gleichviel von welcher Stärke der Draht der Windungen ist, und man kann daher nur das Verhältniss der Spannung zur Stromstärke und dem Widerstande ändern.

Die Richtigkeit dieser Annahme lässt sich aus den früher abgeleiteten Formeln vollkommen beweisen.

Wenn man z. B. annimmt, dass die Entfernung zwischen Vorder- und Hintermaschine eines vorhandenen Triebwerkes den α^2-fachen Werth annimmt, so wird der Widerstand des Kabels um denselben Betrag steigen. Damit nun der innere Widerstand der Maschine zu dem des Kabels in demselben Verhältniss bleibe, muss man die Drahtquerschnitte auf Anker und Schenkeln so wählen, dass der innere Widerstand ebenfalls um das α^2-fache steigt.

Man hat also als neue Widerstände:

$$a_1 = \alpha^2 a$$
$$s_1 = \alpha^2 \cdot s.$$

Setzt man nun, wie auch schon früher angenommen war,

$$E = k \cdot J \cdot v \sqrt{a \cdot s}\,,$$

so wird:

$$n_1 = \frac{\sqrt{\alpha^2 \cdot a}}{K} = \alpha\,n$$

$$n_1' = \frac{\sqrt{\alpha^2 \cdot s}}{K'} = \alpha\,n',$$

wo K und K' für alle Wickelungsarten konstant sind, da der Wickelungsraum als konstant vorausgesetzt ist.

Da die übertragene Arbeit ihren Werth behält, so ist:

$$A = c \cdot k \cdot J^2 \cdot v \sqrt{a\,s} = c \cdot k \cdot v \cdot J_1^2 \cdot \alpha^2 \sqrt{a\,s}$$

und daher
$$J_1 = \frac{J}{\alpha}.$$

Die Stromstärke sinkt also auf den α^{ten} Theil ihres früheren Werthes, wodurch die Stromwärme in der Maschine wird

$$J_1^2\,(a_1 + s_1) = J^2\,(a + s),$$

also ihren Werth behält, woher die Maschine bei allen Wickelungen mit demselben Nutzeffect arbeiten muss.

Die elektromotorische Kraft wird:

$$E_1 = k \cdot J_1\, v \sqrt{a\,s} = \alpha \cdot E$$

und der Magnetismus

$$M_1 = M.$$

Man kann daher auch annehmen, dass die Foucault'schen Ströme ihre alte Stärke behalten, und daher die Wärme der Eisenkerne konstant bleibt.

Es ist also die Stromstärke αmal kleiner, die Spannung αmal grösser, der Widerstand α^2mal grösser als im ersten Falle.

Den hier bewiesenen Satz, dass bei Zunahme des Widerstandes, also bei Vergrösserung der Entfernung zwischen Vorder-

und Hintermaschine, sämmtliche Arbeitsgrössen konstant bleiben, wenn man $\dfrac{E^2}{W}$ konstant hält, also E proportional $\sqrt{W}$ wachsen lässt, war bereits auf Seite 4 aus Gl. (10) nachgewiesen worden.

Wenn man also Maschinen bauen will, welche eine hohe Spannung bei verhältnissmässig geringer Stromstärke erzeugen sollen, was unter allen Umständen für den Nutzeffekt der Uebertragung günstig ist, so kommt man auf die Konstruktion der dünndrähtigen Maschinen. Die Ausführung derselben hat auch keine besonderen praktischen Schwierigkeiten, so lange man sich in den durch Erfahrung gegebenen Grenzen bewegt. Für die folgenden Untersuchungen soll nun angenommen werden, dass die Vordermaschine für verschiedene Triebwerklängen, also für verschiedene Widerstände so eingerichtet wird, dass sie stets dieselbe elektromotorische Kraft zu liefern vermag und zwar werde diese für alle Uebertragungsfälle gleich angenommen. Wie weit man mit dieser gehen kann, ohne die Dauerhaftigkeit der Maschine in Frage zu stellen, und ohne die Gefährlichkeit bis über eine gewisse Grenze zu steigern, darüber gehen noch die Ansichten auseinander. Für die folgenden Rechnungen ist dieselbe zu 1500 Volts angenommen. Da die Klemmenspannung der Maschine schon um einen gewissen Bruchtheil geringer ist, so tritt diese Spannung in Wirklichkeit nicht auf. Deprez geht noch weit höher, denn seine letzten Versuche weisen Spannungen von 2500 Volts auf.

§ 5.

Die vortheilhafte Anlage der Leitung zwischen Vorder- und Hintermaschine lässt sich nach folgenden Gesichtspunkten ausführen.

Der Gesammtwiderstand eines Kabels W_0 lässt sich darstellen durch:

$$(10) \qquad W_0 = \frac{s \cdot l}{q},$$

wo bedeutet:

l die Länge der Leitung in m,

q den Querschnitt in mm,

s den specifischen Leitungswiderstand des Materials, d. i. der Widerstand für 1 qmm Querschnitt und 1 m Länge.

Bei gegebener Länge der Leitung kann man den Widerstand gering machen durch reichliche Bemessung des Querschnittes q oder durch Wahl eines Materials mit grosser Leitungsfähigkeit, d. h. durch Anwendung von Kupfer. Jedoch vertheuert eine derartige Ausführung in starker Kupferleitung wesentlich die gesammten Anlagekosten, so dass es wünschenswerth ist rechnerisch die vortheilhaftesten Dimensionen der Leitung dadurch zu bestimmen, dass man die jährlichen Unkosten, welche aus der Verzinsung des Anlagekapitals entstehen, mit dem Kostenaufwand, welcher aus dem durch Leitungswiderstand entstehenden Energieverlust erwächst, vergleicht. Eine hierauf bezügliche Rechnung ist von W. Thomson veröffentlicht.

Der Energieverlust in Sekundenmeterkilogramm ist:

$$A_0 = \frac{J^2 \cdot W_0}{9{,}81} = \frac{J^2 \cdot l \cdot s}{9{,}81 \cdot q},$$

(weiter hinten ist mit A_0 der Verlust für 1 Kilometer Leitungslänge bezeichnet),

oder für die Längeneinheit:

$$a_0 = \frac{J^2 \cdot s}{9{,}81 \cdot q}.$$

Nun giebt es im Jahre 31,5 Millionen Sekunden, so dass, wenn der Durchfluss während des $p$ten Theiles dieser stattfindet, der jährliche Verlust ist:

$$\frac{31{,}5 \cdot 10^6 \cdot p \cdot J^2 \cdot s}{9{,}81 \cdot q}.$$

Bezeichnet man weiter mit E den Preis pro Jahr und Arbeitseinheit, so stellt der Verlust einen Kostenaufwand dar:

$$\frac{31{,}5 \cdot 10^6 \cdot p \cdot E \cdot J^2 \cdot s}{9{,}81 \cdot q}.$$

Der jährliche Aufwand an Leitungsmaterial wird zu 5% des Anlagekapitals angenommen werden können, so dass bei einem Preis v pro Kubikmeter des Leitungsmaterials für 1 m Länge die Ausgabe sich herausstellt:

$$\frac{v \cdot q \cdot 10^{-6}}{20}.$$

Die Gesammtunkosten, welche sich als Summe beider ergeben, werden hiernach:

$$\frac{31,5 \cdot 10^6 \cdot p \cdot E \cdot s}{9,81} \cdot \frac{J^2}{q} + \frac{v\; 10^{-6}}{20} \cdot q.$$

Der Ausdruck erreicht sein Minimum, wenn beide Glieder einander gleich werden, so dass man hat:

$$\frac{31,5 \cdot 10^6 \cdot p \cdot E \cdot s}{9,81} \cdot \frac{J^2}{q} = \frac{v \cdot 10^{-6}}{20} \cdot q,$$

woraus sich entwickelt:

$$(11) \qquad q = \sqrt{\left\{\frac{31,5 \cdot 10^{12} \cdot p \cdot E \cdot s \cdot 20}{v \cdot 9,81}\right\}} \cdot J.$$

Wählt man hier für p, E, s und v die der Wirklichkeit entsprechenden Werthe, so kann man für jedes J den Leitungsdurchmesser bestimmen.

Der Werth der Arbeitseinheit E lässt sich nicht durch eine einzige Zahl darstellen. Derselbe ist vielmehr verschieden je nach örtlichen Verhältnissen, und man kann im Allgemeinen, wie schon in der Einleitung bemerkt wurde, den Rechnungen den Durchschnittspreis einer Dampfpferdestärke als theuere Betriebskraft und den einer Turbinenpferdestärke als billige Kraft zu Grunde legen.

Wenn allgemein der Werth einer Pferdestärke pro Jahr mit P bezeichnet wird, so erhält für die oben angenommene Arbeitseinheit, also für ein Sekundenkilogrammmeter:

$$\frac{P}{31,5 \cdot 10^6 \cdot 75} = E,$$

wodurch die Gleichung für q die Form annimmt:

$$q = \sqrt{\left(\frac{10^6 \cdot 20 \cdot P \cdot s \cdot p}{75 \cdot 9{,}81 \cdot v}\right)} \cdot J = 162{,}56 \cdot J \cdot \sqrt{\frac{P \cdot s \cdot p}{v}}$$

Nun wird man im Allgemeinen zwei Fälle zu unterscheiden haben, nämlich die, wo die Leitung einerseits aus Kupfer, andererseits aus Eisen gefertigt ist.

Bei Anwendung kupferner Leitungen hat man zu setzen:

$$s = 0{,}017 \text{ Ohm,}$$

d. i. der Widerstand eines Kupferdrahtes von 1 qmm Querschnitt und 1 m Länge.

$$v = 2{,}20 \cdot 8900 = 19580 \text{ Mk.}$$

Der Kupferquerschnitt berechnet sich demnach aus der Formel:

$$q_k = 0{,}150 \cdot J\sqrt{P \cdot p} \text{ qmm} = 0{,}0015 \, J \cdot \sqrt{P \cdot p} \text{ qcm.}$$

J muss hierbei in Ampères gegeben sein.

Ebenso erhält man für Eisen:

$$s = 0{,}125 \text{ Ohm,}$$
$$v = 0{,}25 \cdot 7800 = 1950 \text{ Mk.}$$

$$q_e = 1{,}29 \cdot J \cdot \sqrt{P \cdot p} \text{ qmm} = 0{,}0129 \, J\sqrt{P \cdot p} \text{ qcm.}$$

Der Kupferquerschnitt wird ungefähr $^1/_9$ von dem des Eisenquerschnittes, d. h. bei Annahme eines runden Querschnittes verhalten sich die Durchmesser vom Kupfer und Eisendraht entsprechend, wie $1 : 3$.

Berechnet man weiter die Kosten, welche die Anlage von 1 Kilometer Länge verursachen würde, so erhält man für Kupfer:

$$0{,}0015 \cdot J\sqrt{P \cdot p} \cdot 19580 \cdot 10^{-3} = 0{,}0294 \cdot J \cdot \sqrt{P \cdot p},$$

und in entsprechender Weise für Eisen:

$$0{,}0129 \cdot J \cdot \sqrt{P \cdot p} \cdot 1950 \cdot 10^{-3} = 0{,}0253 \, J \cdot \sqrt{P \cdot p}.$$

Auch die Widerstände, welche beide Leitungen für gegebene Stromstärken erhalten, lassen sich aus obigen Gleichungen ermitteln. Es wird nämlich der Widerstand in Ohm pro Kilometer Leitung $W = \dfrac{s \cdot 1000}{q}$, woraus sich entwickelt:

$$W_k = \frac{0,017 \cdot 1000}{0,150\, J\sqrt{P \cdot p}} = 113,3\, \frac{1}{J\sqrt{P \cdot p}}\, \frac{\text{Ohm}}{\text{Kilometer}}$$

(für Kupferleitung),

$$W_e = \frac{0,125 \cdot 1000}{1,29\, J\sqrt{P \cdot p}} = 96,8\, \frac{1}{J\sqrt{P \cdot p}}\, \frac{\text{Ohm}}{\text{Kilometer}}$$

(für Eisenleitung).

Für gleiche Stromstärken und gleiche Triebkraftpreise erhält man also für Anlage einer Leitung nahezu denselben Preis, und auch denselben Widerstand, ohne dass das Material, Eisen oder Kupfer einen erheblichen Einfluss übte. Im Folgenden sind daher die meisten Rechnungen nur für Kupfer durchgeführt.

Man hat jetzt noch Zahlen zu wählen für P und p. Zunächst für Dampfkraft kann man den Werth pro Pferdestärke und Jahr zu 300 Mk. annehmen. Rechnet man dann weiter 12 Arbeitsstunden täglich bei 300 Arbeitstagen, d. i. $p = 0,41$, so wird:

$$(12)\quad \begin{cases} q_k = 0,016\, J \text{ qcm} \quad \text{oder annähernd}\quad \dfrac{J}{60}\ \text{qcm,} \\[2em] q_e = 0,142\, J \text{ qcm} \qquad \text{„} \qquad\quad \text{„} \qquad \dfrac{J}{7}\ \text{qcm.} \end{cases}$$

Entsprechend erhält man bei Annahme billiger Wasserkraft, wo man $P = 20$ Mk. und $p = 1$ zu setzen hat, die Formeln:

$$(12a)\quad \begin{cases} q_k' = 0,006\, J \text{ qcm} \quad \text{oder angenähert}\quad \dfrac{J}{160}\ \text{qcm,} \\[2em] q_e' = 0,057\, J \text{ qcm} \qquad \text{„} \qquad\quad \text{„} \qquad \dfrac{J}{17}\ \text{qcm.} \end{cases}$$

Man ist also sofort im Stande, für jede Anlage, wo eine gegebene Arbeitsgrösse auf eine beliebige Entfernung übertragen werden soll, den Querschnitt der Leitung zu bestimmen, sobald man nur über die Höhe der Maximal-Spannung schlüssig ist und daher die Stromstärke bestimmt hat.

Betrachtet man der Reihe nach die Fälle, wo die Hintermaschine eines Triebwerkes 5, 10, 50 und 100 Pferdestärken effektiv liefern soll, so hat man bei Annahme eines ungefähren Nutzeffektes von 0,50 und einer Maximalspannung von 1500 Volts, mit Stromstärken zu Arbeiten von entsprechend $5-10-50$ bis 100 Ampères.

Und man erhält daher für Fortleitung von Dampfkraft:
$$q_k = 0{,}083 \quad 0{,}166 \quad 0{,}833 \quad 1{,}666 \text{ qcm,}$$
$$q_e = 0{,}71 \quad 1{,}42 \quad 7{,}1 \quad 14{,}2 \quad \text{qcm.}$$

Ebenso bei Fernleitung von Wasserkraft:
$$q'_k = 0{,}031 \quad 0{,}062 \quad 0{,}312 \quad 0{,}624 \text{ qcm,}$$
$$q'_e = 0{,}294 \quad 0{,}588 \quad 2{,}94 \quad 5{,}88 \text{ qcm.}$$

Bei Annahme runden Leitungsquerschnittes ergeben sich die Durchmesser:
$$d_k = 0{,}32 \quad 0{,}46 \quad 1{,}03 \quad 1{,}45 \text{ cm,}$$
$$d_e = 0{,}95 \quad 1{,}35 \quad 2{,}99 \quad 4{,}23 \text{ cm}$$
und:
$$d'_k = 0{,}19 \quad 0{,}28 \quad 0{,}63 \quad 0{,}89 \text{ cm,}$$
$$d'_e = 0{,}61 \quad 0{,}85 \quad 1{,}92 \quad 2{,}71 \text{ cm.}$$

Daraus kann man die Widerstände der Leitung in Ohm pro Kilometer entwickeln und erhält entsprechend den obigen Werthen für Kupferleitungen bei Uebertragung von Dampfkraft:
$$W_k = 2{,}03 \quad 1{,}01 \quad 0{,}20 \quad 0{,}10 \text{ Ohm.}$$
Ebenso bei Uebertragung von Wasserkraft:
$$W'_k = 5{,}48 \quad 2{,}74 \quad 0{,}54 \quad 0{,}27 \text{ Ohm.}$$

Hieraus berechnet sich der Energieverlust pro Kilometer in Sekundenkilogrammmeter $= \dfrac{J^2 \cdot W}{9{,}81}$, wonach wird:
$$A_o = \quad 5{,}17 \quad 10{,}34 \quad 51{,}73 \quad 103{,}46 \ \frac{\text{Mkg.}}{\text{Sek.}} \text{ (Dampfkraft).}$$
$$A'_o = 13{,}95 \quad 27{,}92 \quad 139{,}64 \quad 279{,}28 \quad \text{„} \quad \text{(Wasserkraft).}$$

In den folgenden Kapiteln werden auch für Wasser- und Luftröhren, sowie für Drahtseile die entsprechenden Werthe abgeleitet werden, so dass sich eine interessante Vergleichung ergiebt.

Nimmt man die Klemmenspannung der Vordermaschine zu 1450 Volts an, so beträgt bei Annahme von Dampfkraft obiger

Verlust pro 1 Kilometer Doppelleitung $1,6\%$ der durchgeleiteten elektrischen Energie.

Nach den in § 2 begründeten Zahlen beträgt der Widerstand der Leitung ungefähr 50% von dem Gesammtwiderstande, so dass je 25% auf den inneren Widerstand der Vorder- und Hintermaschine fallen. Nun sei die Triebwerkslänge der $k$te Theil eines Kilometers, so dass die Leitung, da sie doppelt ausgeführt werden muss, einen Widerstand besitzt von $2\,k \cdot W$ und sich ein Verlust ergiebt von $2\,k \cdot A_0$. Die Stromwärme für das ganze Triebwerk, einschliesslich Vorder- und Hintermaschine, berechnet sich somit zu $4\,k \cdot A_0$. Der elektrische Nutzeffekt des Triebwerkes ist daher durch die Formel ausgedrückt:

$$(13) \qquad \eta' = 1 - \frac{4\,k\,A_0}{\dfrac{E \cdot J}{g}}.$$

Berechnet man hier nach den soeben entwickelten Gleichungen A_0 als Funktion von J, so erhält man, jenachdem die Leitung für Uebertragung von Dampf- oder Wasserkraft eingerichtet ist:

$$\eta' = 1 - 0{,}027\,k \ (1 - 0{,}023\,k \ \text{für Eisenleitung})$$
$$\text{und} \quad \eta' = 1 - 0{,}072\,k \ (1 - 0{,}06 \ \text{für Eisenleitung}).$$

Zunächst zeigt die Gleichung, dass, wenn man die Thomson-sche Formel zur Bestimmung der Leitungs-Dimensionen benutzen will, diese Benutzung nicht für jede Triebwerkslänge statthaft ist, denn man erreicht sehr bald die Grenze, wo der Nutzeffekt Null wird, also die ganze Energie sich in Stromwärme umsetzt.

Bei Anwendung der ersten Formel würde diese Grenze eintreten für $k = \dfrac{1}{0{,}027} = 36$, d. h. für Triebwerkslängen über 36 Kilometer. Man muss dann, um überhaupt noch Arbeit von der Hintermaschine ableiten zu können, die Durchmesser der Leitung reichlicher bemessen, oder mit der Spannung höher gehen. — Eine Uebertragung auf derartige Entfernungen ist bis jetzt nur versuchsweise von Marcel Deprez ausgeführt. Es werde z. B. der Münchener Versuch betrachtet, wo Vorder- und Hintermaschine ca. 55 km entfernt und durch einen 4 mm Eisendraht verbunden waren. Die Stromstärke betrug 0,4 Amp., sodass man nach der Thomson'schen Formel erhalten würde:

$$q = \frac{J}{7} = 0{,}057 \text{ qcm,}$$

was einem Drahtdurchmesser von 0,27 cm entspricht. Der Widerstand betrug also nicht einmal die Hälfte des Werthes, welchen er nach Thomson annehmen müsste, und die Formel für den Nutzeffekt ginge dadurch über in:

$$\eta' = 1 - 0{,}0104 \, k,$$

sodass die Grenze bei einer Triebwerkslänge von 96 Kilometern läge. Die Spannung, welche Deprez in München erreichte, war ungefähr der oben angenommenen gleich. Nach der Formel ergiebt sich für 55 km ein elektrischer Nutzeffekt von 0,43, während der Versuch die Zahl 0,46 ergeben hatte, also ziemlich annähernd dieselbe Zahl.

Bei seinen letzten Versuchen auf der französischen Nordbahn erhielt Deprez bei allen Versuchen einen nahezu konstanten Strom von 2,5 Amp. Da der Drahtquerschnitt auch hier 4 mm

betrug, so war der Querschnitt in qcm ungefähr $0{,}05 \; J = \dfrac{J}{20}$,

also kleiner, als ihn die Thomson'sche Formel liefert, allerdings stieg hier die Spannung auch bis auf 2500 Volts, während für die vorliegenden Rechnungen 1500 Volts als Maximalspannung angenommen ist, und es dürfte sich wohl auch empfehlen, die letztere Spannung für gewöhnliche Fälle nicht zu überschreiten.

Die erste Formel für Kupferleitung und Dampfkraft liefert folgende Werthe des elektrischen Nutzeffektes:

a) bei Triebwerkslängen von 100 m $\eta' = 0{,}99$

b) „ „ „ „ 500 „ $\eta' = 0{,}98$

c) „ „ „ „ 1000 „ $\eta' = 0{,}97$

d) „ „ „ „ 5000 „ $\eta' = 0{,}86$

e) „ „ „ „ 10000 „ $\eta' = 0{,}73$

f) „ „ „ „ 20000 „ $\eta' = 0{,}46.$

Die Formel für Uebertragung billiger Triebkraft liefert zu geringe Nutzeffekte, um sie wirklich anwenden zu können, es ist für diesen Fall geboten, grössere Durchmesser für die Leitung zu wählen, und es sind daher die Durchmesser, welche die erstere Formel liefert, auch für diese Uebertragung eingeführt.

Der mechanische Nutzeffekt wird aus den Werthen, welche sich für den elektrischen Nutzeffekt ergeben hatten, durch Multiplication mit 0,70, wie in § 2 angegeben ist, gefunden, man erhält die Zahlen:

a) bei Triebwerkslängen von   100 m $\eta = 69$
b) „   „   „   „   500 „ $\eta = 68$
c) „   „   „   „   1000 „ $\eta = 66$
d) „   „   „   „   5000 „ $\eta = 60$
e) „   „·   „   „   10000 „ $\eta = 51$
f) „   „   „   „   20000 „ $\eta = 32$.

Es muss noch bemerkt werden, dass bei der vorläufigen Bestimmung der Stromstärke auf Seite 27, welche zur Bestimmung des Leitungsdurchmessers nöthig war, ein Nutzeffekt von rund 0,50 angenommen war. Dieses ist allerdings nicht genau zutreffend, vielmehr würden sich für verschiedene Triebwerkslängen auch verschiedene Stromstärken ergeben, da eben der Nutzeffekt ein verschiedener ist. Da aber die gewählten Grössen im Durchschnitt den richtigen Werth ergeben, so ist, um die Rechnung nicht zu sehr zu kompliciren, von einer Variirung der Stromstärke für verschiedene Längen Abstand genommen und stets derselbe Werth beibehalten worden. Nöthigenfalls kann man sich die Schwankungen durch Aenderung der elektromotorischen Kraft ausgeglichen denken.

Die Gleichung (13) kann man noch dazu benutzen, für gegebene Triebwerkslängen und Spannungen den Leitungsdurchmesser so zu bestimmen, dass der elektrische Nutzeffekt einen gewünschten Werth annimmt. Setzt man hier allgemein $W = \dfrac{x}{J}$, so hat man:

$$\eta' = 1 - x \cdot \frac{4\,k}{E}.$$

Nimmt man hier $E = 2500$, $k = 8,5$ und $\eta' = 0,70$, so findet sich $x = 22,02$, und für $J = 2,5$ wird daher $W = 8,8$. Da $k = 8,5$ gewählt war, so wird der Widerstand der Doppelleitung zwischen Vorder- und Hintermaschine $2\,k \cdot W = 17 \cdot 8,8 = 149$ Ohm, und der Durchmesser der Leitung in Eisen wird nahezu 4 mm. Die Annahme für E, k, η und J sind dem Deprez'schen Versuch an der Nordbahn entnommen, und es ergiebt sich auch dasselbe Resultat, denn Deprez erhielt $2\,k\,W = 160$ Ohm.

§ 6.

Die letzte Frage, welche für alle Triebwerke von gleichem Interesse ist, ist die der Kraftsammler (Accumulatoren). Dieselben haben allgemein den Zweck, von der Vordermaschine überschüssig geförderte Energie aufzuspeichern und an die Hintermaschine in beliebigen Perioden abzugeben, sodass dadurch beide Maschinen eine gewisse gegenseitige Unabhängigkeit erhalten. Der erreichte Vortheil ist ohne weiteres einzusehen. Soll z. B. einer Hebevorrichtung, bei welcher eine gewisse Last 20 mal in der Stunde gehoben werden soll, und wo diese Operation jedesmal während 30 Sekunden eine Entwickelung von 60 Pferdestärken erfordert, die zum Heben nöthige Triebkraft zugeführt werden, so hat man bei direkter Verbindung der Vorder- und Hintermaschine abgesehen von allen Verlusten eine 60pferdige Dampfmaschine nöthig. Durch Einschaltung eines Kraftsammlers kann man die Arbeitszeit der Dampfmaschine auf 60 Minuten ausdehnen, und hat daher eine nur 10pferdige Maschine aufzustellen.

Diese Vortheile sind bei Luft- und Wasser-Triebwerken längst bekannt, und man findet bei ihnen Kraftsammler stets angewendet.

Anders liegt die Frage beim elektrischen Triebwerk. Hier

ist mit der Anwendung sekundärer Elemente ein bedeutender Arbeitsverlust verbunden, welcher dieselben ökonomisch sehr ungünstig wirken lässt.

So ergaben Versuche, welche mit Fauré'schen Elementen angestellt sind, einen Verlust an elektrischer Arbeit von 40 %, wonach ein solcher Sammler einen Nutzeffekt von nur 60% hätte.

Trotz dieses Verlustes könnten die Sammler vielleicht zu Transportmaschinen, also zum Fortbewegen von Eisenbahnwagen, Anwendung finden, wenn hier nicht das grosse Gewicht der Elemente in Betracht käme, sodass ein Kilogramm, welches ungefähr 0,55 Sekundenkilogrammmeter liefert, ausser sich selbst nur etwa 3 kg ziehen kann.

So haben die sekundären Elemente in ihrem heutigen Zustande für das elektrische Triebwerk wenig Bedeutung.

§ 7.

Es fehlt noch die Zusammenstellung der Kosten, welche die Anlage eines elektrischen Triebwerkes verursacht:

1. Ein 5pferdiges Triebwerk erfordert:

    a) bei 100 Meter Triebwerkslänge:

1 Dynamomaschine als Vordermaschine .	Mk.	4060
1 „ „ Hinter „ .	„	2750
1 Einschaltvorrichtung	„	200
2 × 100 = 200 m Kupferdraht von 3,2 mm à Meter = 0,16 Mk.	„	32
3 × 1 imprägnirte Stangen mit Doppelglockenisolatoren, Aufstellung und Befestigung à 12,66 Mk.	„	38
Fundamente und Aufstellung der Maschinen	„	590
Summa:	Mk.	7670

b) bei 500 m Länge:

Maschinen etc. . . . . Mk. 7600
2 × 500 m Leitung . . . . „ 350

Summa: Mk. 7950

c) bei 1000 m Länge:

Maschinen etc. . . . . Mk. 7600
2 × 1000 m Leitung . . . . „ 700

Summa: Mk. 8300

d) bei 5000 m Länge:

Maschinen etc. . . . . Mk. 7600
2 × 5000 m Leitung . . . . „ 3500

Summa: Mk. 11100

e) bei 10000 m Länge:

Maschinen etc. . . . . Mk. 7600
Leitung . . . . „ 7000

Summa: Mk. 14600

f) bei 20000 m Länge:

Maschinen etc. . . . . Mk. 7600
Leitung . . . . „ 14000

Summa: Mk. 21600

2. Für Anlage eines 10pferdigen Triebwerkes werden die entsprechenden Werthe:

a) 10605 Mk.   d) 15750 Mk.
b) 11025 „   e) 21000 „
c) 11550 „   f) 31500 „

3. Für Anlage eines 50pferdigen Triebwerkes wird:

a) 40600 Mk.   d) 55300 Mk.
b) 41800 „   e) 70300 „
c) 43300 „   f) 100300 „

4. Für Anlage eines 100pferdigen Triebwerkes ist:

a) 65560 Mk.   d) 92000 Mk.

b) 67700 „   c) 121000 „

c) 70600 „   f) 177000 „

Die hier angegebenen Zahlen sind in der folgenden Tabelle zusammengestellt, und zwar reducirt auf 1 Pferdestärke.

Tabelle 1.

Es werden übertragen P. S.	Die Triebwerkslänge beträgt:					
	100 m	500 m	1000 m	5000 m	10000 m	20000 m
	$\mathcal{M}$	$\mathcal{M}$	$\mathcal{M}$	$\mathcal{M}$	$\mathcal{M}$	$\mathcal{M}$
5	1534	1590	1660	2220	2920	4320
10	1060	1102	1155	1570	2100	3150
50	812	836	866	1106	1406	2006
100	655	677	706	920	1210	1770

Als jährliche Unkosten, welche aus der Anlage des Triebwerkes erwachsen excl. Triebkraft, sind 10 % des Anlagekapitals für Amortisation und Verzinsung und weitere 4% für Reparatur, Unterhaltung etc. anzunehmen. Man hat also im Ganzen 14% des Kapitals als jährliche Unkosten in Rechnung zu bringen. Ausserdem ist es wünschenswerth, nicht die Unkosten pro Pferdestärke und Jahr, sondern die pro Pferdestärke und Stunde in die Rechnung einzuführen. Man hat dann zu unterscheiden, ob die Anlage das ganze Jahr hindurch in Thätigkeit ist, oder nur einen gewissen Bruchtheil. Bei 300 Arbeitstagen und 10stündigem Arbeitstag, also einer Zeit, wie sie bei Ausnutzung von Dampfkraft angenommen war, hat man daher die oben zusammengestellten Werthe mit

$$\frac{14}{300 \cdot 10 \cdot 100} = 0{,}000044$$ zu multipliciren.

Für Uebertragung von Wasserkraft hat man dann noch einen Faktor $\dfrac{300 \cdot 10}{365 \cdot 24} = 0{,}37$ hinzuzunehmen.

Entsprechend den Entfernungen von 100, 500, 1000, 5000, 10000 und 20000 Kilometer hatten sich die Nutzeffekte herausgestellt:

$$0{,}69,\ 0{,}68,\ 0{,}66,\ 0{,}60,\ 0{,}51\ \text{und}\ 0{,}32.$$

Man hat also für jede Pferdestärke, welche am Ende des Triebwerkes nutzbar gemacht werden soll, $\dfrac{1}{\eta}$ P.-S. einzuleiten, also die Werthe:

$$1{,}45\ -\ 1{,}47\ -\ 1{,}51\ -\ 1{,}67\ -\ 1{,}96\ \text{und}\ 3{,}12.$$

Für jede nutzbare Pferdestärke hat man daher bei Uebertragung von Dampfkraft, wo der Preis pro Stunde und Pferd 0,085 Mk. ist, entsprechend zu zahlen:

$$\text{Mk.:}\ 0{,}121\ -\ 0{,}125\ -\ 0{,}128\ -\ 0{,}142\ -\ 0{,}166\ -\ 0{,}265.$$

und ebenso für Ueberleitung von Wasserkraft:

$$\text{Mk.:}\ 0{,}0096\ -\ 0{,}0097\ -\ 0{,}0099\ -\ 0{,}0109\ -\ 0{,}0129\ -\ 0{,}0206.$$

Wenn man nun den wirklichen Preis, welchen man am Ende des Triebwerkes für die Pferdestärke und Stunde zahlen muss, berechnen will, so hat man nur die eben angegebenen Zahlen zu den Verzinsungsunkosten zu addiren. Die Resultate sind in der folgenden Tabelle zusammengestellt.

Tabelle A₁.

Preise in Mark für die nutzbare Pferdestärke und Stunde bei Uebertragung von Dampfkraft durch ein elektrisches Triebwerk.

Es werden übertragen P. P.	Die Triebwerkslänge beträgt:					
	100 m	500 m	1000 m	5000 m	10000 m	20000 m
	ℳ.	ℳ.	ℳ.	ℳ.	ℳ.	ℳ.
5	0,188	0,194	0,201	0,239	0,274	0,433
10	0,167	0,173	0,178	0,211	0,258	0,403
50	0,156	0,161	0,166	0,190	0,227	0,353
100	0,149	0,154	0,159	0,182	0,219	0,340

Tabelle B..

Preise in Mark für die nutzbare Pferdestärke und Stunde bei Uebertragung von Wasserkraft durch ein elektrisches Triebwerk.

Es werden übertragen P. S.	Die Triebwerkslänge beträgt:					
	100 m	500 m	1000 m	5000 m	10000 m	20000 m
	$\mathcal{M}$.	$\mathcal{M}$.	$\mathcal{M}$.	$\mathcal{M}$.	$\mathcal{M}$.	$\mathcal{M}$.
5	0,029	0,030	0,031	0,037	0,043	0,070
10	0,022	0,023	0,024	0,030	0,039	0,059
50	0,019	0,020	0,022	0,024	0,026	0,046
100	0,017	0,018	0,019	0,022	0,027	0,042

Die in den Tabellen enthaltenen Zahlen werden am Schluss der Abhandlung eingehend besprochen werden.

II.

Das Wasser-Triebwerk.

§ 8.

Ein Wassertriebwerk entsteht in einfachster Form dadurch, dass man Wasser durch eine Druckpumpe in ein hoch gelegenes Reservoir fördert, von dem es unter Treiben eines Wassermotors arbeitsverrichtend wieder herabsinkt. Die Höhe des Reservoirs ist durch den Druck bestimmt, unter welchem das Wasser im Motor arbeiten soll. Bezeichnet man dieselbe mit H und das Gewicht der Volumeneinheit Wasser mit γ, so ist der specifische Druck, d. h. der Druk pro Flächeneinheit $= H \cdot \gamma$, und zwar entsprechen dem Drucke von 1 Atmosphäre ca. 10 m Druckhöhe. In vielen Fällen ist eine ausreichende natürliche Druckhöhe vorhanden. So hat man bei den meisten Wasserleitungs-Anlagen in Städten eine Druckhöhe von 30—50 m, welche für den Betrieb von kleinen Wassermotoren und Hebevorrichtungen vollständig genügt. Der ausgeübte Druck wächst direkt mit der Höhe H des Oberwasserspiegels über dem Motor, woher man für bestimmte Leistungen die Dimensionen des Motors um so kleiner nehmen kann, je grösser die Gefällhöhe ist. Da nun die Anlegung sehr hochgelegener Reservoirs im Allgemeinen mit grossen Kosten verbunden ist, so sucht man vielfach das natürliche Hochreservoir dadurch zu ersetzen, dass man das Wasser durch künstliche Belastung unter Druck bringt. Auch hier wird der specifische Druck einen gewissen Werth p erreichen, welchen man so betrachten kann, als ob er von einer Wassersäule H herrührt, welche sich nach der Gleichung $H = \dfrac{p}{\gamma}$ berechnet. Für anzustellende Rechnungen empfiehlt es sich, stets statt des specifischen Druckes die entsprechende Druckhöhe einzuführen.

Aehnlich dem elektrischen Triebwerk hat man auch hier zu unterscheiden:

    1. die Vordermaschine oder Druckpumpe,

    2. die Leitung mit Kraftsammler,

    3. die Hintermaschine oder Wassermotor.

<h2 style="text-align:center">§ 9.</h2>

Die Druckpumpen, welche bei einem Wassertriebwerk zur Verwendung kommen, sind entweder Kolbenpumpen oder, allerdings seltener, Centrifugal- (Kreisel-) Pumpen.

Die Arbeit, welche zum Heben eines Wasserquantums Q pro Sekunde auf die Höhe H nöthig ist, stellt sich dar, abgesehen von allen Nebenhindernissen als:

$$(14) \qquad\qquad A = Q \cdot H \cdot \gamma.$$

Bezeichnet man die wirklich aufgewendete Arbeit mit A_1, so ergiebt das Verhältniss beider den Nutzeffekt:

$$\eta = \frac{A}{A_1} = \frac{Q \cdot H \cdot \gamma}{A_1}.$$

Hierfür kann man schreiben:

$$\eta = \frac{\gamma \cdot Q\,(H + h)}{A_1} \cdot \frac{H}{(H + h)},$$

wo h den Verlust an Druckhöhe bezeichnet, welcher durch Reibung des Wassers in den Saug- und Druckröhren entsteht. Der erste Faktor stellt den Nutzeffekt der Pumpe selbst dar, der zweite den der Leitung. Der letztere nimmt nur bei Leitungen, welche nach entfernt liegenden Reservoirs führen, einen zu berücksichtigenden Werth an. Der Verlust in der Pumpe selbst rührt her von der Reibung des Wassers und des Kolbens, ferner von den Unvollkommenheiten der Ventile und Klappen u. s. f. Bei gut ausgeführten und vortheilhaft arbeitenden Pumpen kann man $\eta = 0{,}93 - 0{,}90$, bei mittlerer Vollkommenheit $\eta = 0{,}90 - 0{,}85 - 0{,}80$ setzen.

Kreiselpumpen ergeben einen niedrigeren Nutzeffekt, welcher im Maximum auf $0{,}70$ steigt. Ausserdem müssen sie für jedes Wasserquantum und für jede Förderhöhe besonders konstruirt werden, so dass sie bei veränderlichem Wasserspiegel sehr unökonomisch arbeiten. Daher empfiehlt es sich, für alle Fälle, wo Hubwechsel des Kolbens und die damit verbundenen Schwankungen in der Geschwindigkeit des angesaugten oder gedrückten Wassers keinen Einfluss üben, stets Kolbenpumpen anzuwenden.

§ 10.

Beim Durchfluss des Wassers durch lange Röhren wird durch die Reibung und Adhäsion desselben an den Rohrwänden der Bewegung ein Hinderniss entgegengesetzt werden. Vielfachen Beobachtungen zufolge kann man annehmen, dass dieser Reibungswiderstand ganz unabhängig ist vom Drucke, dass er aber direkt wie die Länge l und umgekehrt wie die Weite d der Röhre wächst, dass er also dem Verhältnisse $\dfrac{l}{d}$ proportional ist. Ausserdem nimmt er nahezu proportional dem Quadrate der Durchflussgeschwindigkeit zu. Dieser Widerstand lässt sich durch eine Wassersäule messen, welche den Namen Reibungswiderstandshöhe führt. Diese ist zu setzen:

$$(15) \qquad h = \zeta \cdot \frac{l}{d} \cdot \frac{v^2}{2\,g},$$

wo unter ζ eine Erfahrungzahl zu verstehen ist.

Aus dem durchfliessenden Wasserquantum Q und dem Querschnitt der Röhre:

$$F = \frac{\pi\, d^2}{4}$$

folgt die Geschwindigkeit:

$$v = \frac{4\, Q}{\pi \cdot d^2}$$

und daher die Widerstandshöhe:

$$(16) \quad h = \zeta \cdot \frac{l}{d} \cdot \frac{1}{2\,g} \cdot \left(\frac{4\,Q}{\pi \cdot d^2}\right)^2 = \zeta \cdot \frac{1}{2\,g} \cdot \left(\frac{4}{\pi}\right)^2 \cdot \frac{l\,Q^2}{d^5}.$$

Auf die Verluste, welche am Einflussstück und an starken Biegungen entstehen, braucht man hier nicht Rücksicht zu nehmen, da diese gegenüber dem berechneten Verluste für längere Leitungen sehr gering sind.

Der Verlust in Arbeitseinheiten stellt sich dar als:

$$(17) \quad A_0 = Q \cdot h \cdot \gamma = \frac{\pi \cdot d^2}{4} \cdot v \cdot h \cdot \gamma,$$

während die gesammte übertragene Arbeit sich berechnet nach Gleichung (14) zu:

$$(18) \quad A = Q \cdot H \cdot \gamma = \frac{\pi \cdot d^2}{4} \cdot v \cdot H \cdot \gamma.$$

Daraus ergiebt sich der relative Verlust zu:

$$(19) \quad \frac{A_0}{A} = \frac{h}{H} = \zeta \cdot \frac{l}{d} \cdot \frac{v^2}{2\,g} \cdot \frac{1}{H}.$$

Der relative Verlust steht also im umgekehrten Verhältniss zu H und um ihn möglichst gering zu erhalten, muss man die absolute Druckhöhe möglichst gross nehmen, wie denn auch 50 Atmosphären Druck, d. i. 500 m Druckhöhe, nicht ungewöhnlich sind. Als Beispiel möge folgender Fall dienen:

Ein Rohr von 50 m Länge und 0,15 m Weite soll in der Minute 1 cbm Wasser liefern. Wie gross ist der Verlust?

Unter Zugrundelegung der Weissbach'schen Tabellen ist:

$$v = 1{,}2732 \cdot \frac{1}{60 \cdot 0{,}15^2} = 0{,}943 \text{ m pro Sekunde,}$$

$$\zeta = 0{,}0242,$$

woraus sich berechnet:

$$h = 0{,}434 \text{ m.}$$

In Arbeitseinheiten ist der Verlust:

$$A_0 = \frac{1}{60} \cdot 0{,}434 \cdot 1000 = 7{,}2 \text{ Sekundenkilogrammmeter.}$$

Nimmt man hier eine absolute Druckhöhe von 200 m, so ist:

$$A = \frac{1}{60} \cdot 200 \cdot 1000 = 3333 \text{ Sekundenmkg} = 44{,}4 \text{ P. S.}$$

Der Verlust beträgt also:

$$\text{für} \quad 50 \text{ m Rohrlänge} \quad 7{,}2 \text{ mkg oder } 0{,}217\%,$$
$$„ \quad 100 \text{ „} \quad „ \quad 14{,}4 \quad „ \quad „ \quad 0{,}434\%,$$
$$„ \quad 1000 \text{ „} \quad „ \quad 144 \quad „ \quad „ \quad 4{,}34\%.$$

Wenn man statt 200 m absoluter Druckhöhe 500 m wählt, so ist der Verlust derselbe, dagegen wird:

$$A = \frac{1}{60} \cdot 500 \cdot 1000 = 8333 \text{ mkg} = 110 \text{ P. S.,}$$

woraus sich der relative Verlust berechnet:

$$\text{für} \quad 50 \text{ m Rohrlänge } 0{,}084\%,$$
$$„ \quad 100 \text{ „} \quad „ \quad 0{,}168\%,$$
$$„ \quad 1000 \text{ „} \quad „ \quad 1{,}68\%.$$

Der Verlust ist also für 50 Atm. Druck nicht bedeutend. Jedoch ist solch hoher Druck für lange und weite Leitungen kaum anwendbar, so dass man den Rechnungen ungünstigere Resultate zu Grunde legen muss. Andererseits zeigen auch die Versuchsresultate besonders mit weiteren Röhren beträchtliche Abweichungen von den nach obigen Formeln berechneten Werthen. So ergab die 45 Kilometer lange und 0,533 m weite Rohrleitung, welche die Stadt Frankfurt am Main von Gelnhausen aus mit Wasser versorgt, statt der berechneten 18 744 cbm in 24 Stunden eine durch Messung bestimmte Menge von circa 25 000 cbm.

In den folgenden Rechnungen wird angenommen werden:

für   100 m Rohrlänge 0,3% Verlust, also $\eta = 0,997$,
„   500 „   „   1,5 „   „   „ $\eta = 0,985$,
„   1000 „   „   3,0 „   „   „ $\eta = 0,970$,
„   5000 „   „   15,0 „   „   „ $\eta = 0,85$,
„   10000 „   „   30,0 „   „   „ $\eta = 0,70$,
„   20000 „   „   60,0 „   „   „ $\eta = 0,40$.

§ 11.

Allgemein berechnet man heute den Rohrdurchmesser nach dem gewünschten Wasserquantum und der vorhandenen Druckhöhe, indem man die Widerstandshöhe und aus dieser die Wassergeschwindigkeit ermittelt, wodurch in der Regel die Oekonomie keine Berücksichtigung findet. Im Folgenden ist in kurzer Weise angegeben, wie man entsprechend den Rechnungen für elektrische Leitungen aus Reibungsverlust und Anlagekosten den günstigsten Durchmesser ermitteln kann.

Der Arbeitsverlust berechnet sich nach Gleichung (16) und (17) zu:

$$(20) \qquad A_0 = Q^3 \cdot \gamma \cdot \zeta \cdot \left(\frac{4}{\pi} \right)^2 \cdot \frac{1}{2\,g} \cdot \left(\frac{1}{d^2} \right)^2 \cdot \frac{l}{d}.$$

Hierin ist zu setzen $\frac{1}{2\,g} = 0,051$ und im Mittel $\zeta = 0,021$. Nimmt man $l = 1$, so erhält man den Verlust für jeden Meter der Leitung:

$$A_1 = 1,735 \cdot Q^3 \cdot \frac{1}{d^5}.$$

Im Jahre giebt es 31,5 Millionen Sekunden. Wenn der Durchfluss während des p ten Theiles von diesen stattfindet, so ist der jährliche Energieverlust:

$$31,5 \cdot 10^6 \cdot p \cdot 1,735 \cdot Q^3 \cdot \frac{1}{d^5}.$$

Bezeichnet man mit E den Preis pro Jahr und Arbeitseinheit, so stellt der Verlust einen Kostenaufwand dar von:

$$(21) \qquad 31{,}5 \cdot 10^6 \cdot p \cdot 1{,}735 \cdot Q^3 \cdot \frac{1}{d^5} \cdot E \text{ Mark.}$$

Für gusseiserne Rohre von mittlerer Weite kann man die Wandstärke proportional dem Durchmesser setzen und zwar ist ungefähr:

$$\delta = 0{,}070\, d.$$

Daraus folgt das Volumen der Leitung von 1 m Länge:

$$d\,\pi \cdot \delta = \pi \cdot 0{,}070 \cdot d^2.$$

Dieses Volumen hat ein Gewicht:

$$G = \pi \cdot 0{,}070 \cdot d^2 \cdot 7200 \text{ kg}$$
$$\text{oder} \quad G = 1650\, d^2 \cdot \text{kg.}$$

Bezeichnet man mit U den Preis für 1 kg Gusseisen, so betragen die Zinsen vom Anlagekapital, zu 5 % gerechnet:

$$(22) \qquad \frac{1650 \cdot d^2 \cdot U}{20} = 82{,}5\, U d^2.$$

Die Gesammtausgaben für 1 Jahr sind daher:

$$31{,}5 \cdot 10^6 \cdot p \cdot 1{,}73 \cdot E \cdot Q^3 \cdot \frac{1}{d^5} + 82{,}5\, U d^2.$$

Dieser Ausdruck erreicht sein Minimum für:

$$(23) \qquad d = \sqrt[7]{\left\{ \frac{5 \cdot 31{,}5 \cdot 10^6 \cdot p \cdot 1{,}73 \cdot E \cdot Q^3}{2 \cdot 82{,}5\, U} \right\}}.$$

Der Preis für 1 kg Gusseisen kann zu 0,20 Mk. angenommen werden, ferner der Werth einer Pferdestärke zu 300 Mk. für 1 Jahr, woraus für 1 Sekundenkilogrammmeter folgt:

$$\frac{300}{31{,}5 \cdot 10^6 \cdot 75} \text{ Mk.}$$

Jedoch darf dieser Werth, wie schon im vorigen Kapitel geschehen ist, nicht als konstant angenommen werden, er wechselt vielmehr, je nachdem die Triebkraft durch Wasser und Dampf

oder in grossem und kleinem Maassstabe gewonnen wird. Der
hier gewählte Preis passt für grosse Dampfmaschinenanlagen.
Allgemein kann man das e-fache desselben in die Rechnung
einführen.

Man erhält somit:

$$(24) \qquad d = 1{,}56 \sqrt[2]{Q^3 \cdot p \cdot e}.$$

Nimmt man für die weitere Rechnung eine tägliche Arbeitszeit
von 12 Stunden, also $p = 0{,}5$, an und setzt $e = 1$, so ist

$$(25) \qquad d = 0{,}816 \sqrt[7]{Q^3}.$$

Hiernach würde der Rohrdurchmesser ungefähr der Quadratwurzel aus Q proportional sein.

Unter Voraussetzung einer täglichen Arbeitszeit von 24 Stunden, also $p = 1$, und bei Vorhandensein grosser Wasserkräfte,
geht Gl. (9) über in:

$$(26) \qquad d = 0{,}548 \sqrt[7]{Q^3}.$$

Bestimmt man nach Gl. (25) die Rohrstärke für das oben
gerechnete Beispiel, so ergiebt sich:

$$d = 0{,}858 \sqrt[7]{\left(\frac{1}{60}\right)^3} = 0{,}148 \, \text{m}.$$

Für diesen Werth ist weiter oben 0,15 eingeführt. Nach
Gl. (26) würde man erhalten:

$$d = 0{,}548 \sqrt[7]{\left(\frac{1}{60}\right)^3} = 0{,}0948 \, \text{m}.$$

Diese Rechnung zeigt deutlich, dass man beim Bau eines
Triebwerkes wohl darauf zu achten hat, welchen Werth die
verlorene Arbeit besitzt, und dass die Dimensionen sehr verschieden ausfallen, je nachdem billige oder theure Triebkraft
übertragen werden soll.

Bis jetzt haben derartige Rücksichten in den Lehrbüchern
der Maschinenkonstrukteure keinen Platz gefunden. Der Ein-
fachheit halber ist bei der folgenden Preisberechnung diese doppelte
Dimensionirung ausser Acht gelassen.

§ 12.

Der Zweck der Kraftsammler (Accumulatoren) ist beim Wassertriebwerk zunächst der, die natürliche Druckhöhe, welche bei einem Hochreservoir wirklich vorhanden ist, zu ersetzen, weiterhin auch überschüssig gefördertes Kraftwasser bis zur Entnahme durch den Motor aufzunehmen und so besonders als Kraftspeicher zur Wirkung zu kommen. Der Nutzen, welchen sie als solche stiften, ist bereits weiter oben besprochen worden.

Die Verwendung der Sammler beim Wassertriebwerk zeigt in manchen Fällen wegen der Nichtzusammendrückbarkeit des Wassers gewisse Nachtheile. So denke man sich einen hydraulischen Krahn, welcher bald grössere bald kleinere Lasten stets auf dieselbe Höhe zu heben hat. Die Hebevorrichtung wird ohne Rücksicht auf Grösse der Last vollständig mit Kraftwasser zu füllen sein und daher, weil der Sammler das Wasser unter konstantem Drucke liefert, immer dieselbe Arbeit verbrauchen. Der Theil derselben, welcher nicht zum Heben der Last verwandt wird, muss, da kleine Lasten schneller gehoben werden, als grössere, zur Beschleunigung der hebenden Wassermasse und der gehobenen Last verwendet werden, ist also als Verlust anzusehen. Auf diese Weise kann der Nutzeffekt der Uebertragung ein sehr geringer werden, und man kann den Nachtheil nur dadurch umgehen, dass man für verschiedene Lasten auch verschiedene Hebecylinder von ungleichen Dimensionen anwendet.

Die Kraftsammler für Wassertriebwerke sind meistens als grosse vertikale Cylinder ausgeführt, welche durch einen Kolben abgeschlossen werden. Im unteren Theile münden Ein- und Abflussrohr des Kraftwassers. Der Kolben wird je nach dem gewünschten Wasserdruck belastet, so dass man bei einem Querschnitte F des Kolbens und einem Totalbelastungsgewicht G einen specifischen Druck hat:

$$p = \frac{G}{F}$$

und daher eine ersetzte Druckhöhe:

$$H = \frac{G}{F} \cdot \frac{1}{\gamma}.$$

Anstatt der Kolbenkraftsammler findet man auch grosse Windkessel, worin die eingeschlossene und comprimirte Luft die Stelle des belasteten Kolbens einnimmt. Diese Windkessel wendet man an, wenn Raummangel vorhanden ist, oder wenn häufig schädliche Wasserstösse auftreten, welche durch das elastische Luftkissen aufgenommen werden. Sie haben den Nachtheil, dass das aus ihnen entnommene Wasser nicht unter konstantem Drucke steht, da dieser in dem Maasse, wie sich die Luft dehnt, abnimmt.

§ 13.

Unter Wassermotoren versteht man allgemein die Maschinen, welche durch Druckwasser getrieben werden. Diejenigen von ihnen, welche bis heute wirklich zu Triebwerkszwecken verwendet worden sind, gehören grössten Theils zur Klasse der Kleinmotoren. Sie lassen sich zertheilen in solche, wo der Wasserdruck direkt eine rotirende Bewegung der Betriebswelle hervorruft, und in solche, wo derselbe auf einen hin- und hergehenden Kolben wirkt, wo man also die Rotation erst durch Zwischenschaltung eines Schubkurbelmechanismus ableiten muss. Die ersteren heissen Turbinen, die letzteren Wassersäulenmaschinen. Nun würde eine derartige Definition allerdings zur Folge haben, dass die gewöhnlichen Wasserräder als Turbinen anzuschen seien, was absolut nicht zutrifft, und man könnte vielleicht die Definition dahin berichtigen, dass man sagt: Turbinen sind Wassermotoren, bei welchen das Druckwasser, um eine vollständige Ausnutzung der aufgespeicherten Arbeit zu erzielen, die volle, der Druckhöhe entsprechende, Geschwindigkeit beim Eintritt in den Motor annehmen muss, während dieses bei Wasserrädern und Wassersäulenmaschinen nicht der Fall ist.

Von den Turbinen sind zu nennen:

1. Die von der Firma Escher, Wyss u. Co. in Zürich gelieferten Tangentialturbinen. Dieselben werden in zwei Grössen gebaut und leisten

bei einem Gefälle von   50 m 0,90 bez. 2,80 P. S.

   „   „   „   „ 100 „ 2,22   „   6,51   „

   „   „   „   „ 180 „ 5,38   „ 17,00   „

Den mittleren Nutzeffekt kann man nach Versuchen von Radinger zu 0,65 annehmen.

2. Die Wassermotoren von Richardson, welche nach dem Princip der Radialturbinen arbeiten. Dieselben stehen im Nutzeffekt den letztgenannten bedeutend nach.

Der Hauptnachtheil dieser und ähnlicher Turbinensysteme liegt, wie schon die Definition ergiebt, in der grossen Geschwindigkeit des durchfliessenden Wassers und in der damit zusammenhängenden grossen Umdrehungszahl. Letztere steigt bei den Escher-Wyss-Turbinen auf 1760 Touren. Ein weiterer Nachtheil liegt darin, dass die theoretische Form der Turbinenschaufeln für verschiedene Druckhöhen verschieden ausfällt, dass also bei Anwendung ein und derselben Turbine für verschiedene Druckhöhen der Nutzeffekt für die grosse Mehrzahl der Aufstellungen ein sehr geringer sein muss. Beide Nachtheile werden in den Wassersäulenmaschinen vermieden.

Am bekanntesten von diesen ist der sogenannte Schmid'sche Motor, von A. Schmid in Zürich erfunden.

Derselbe ist nach dem Princip der oscillirenden Dampfmaschinen gebaut. Die Firma liefert ihn in 21 verschiedenen Grössen, welche verbrauchen 40 bis 2150 Liter in der Minute und dafür leisten:

bei einem Gefälle von   30 m 0,19 bis 11 P. S.

   „   „   „   „   50 „ 0,32 „ 18 „

   „   „   „   „ 100 „ 0,64 „ 36 „

Der Nutzeffekt schwankt von 0,50 bis 0,80. Bei mittlerem Gefälle ist 0,60 als Durchschnittswerth anzunehmen.

Die übrigen noch vorkommenden Wassermotoren sind nach
demselben Princip gebaut. Eine besondere Eigenthümlichkeit
zeigt nur der Motor von Mayer, bei welchem durch Anbringung
kleiner Windkessel eine gewisse Expansion ermöglicht wird.
Der Wassereintritt in den Cylinder wird bei 0,8 bis 0,85 des
Hubes abgeschlossen, worauf Expansion der vorher comprimirten
Luft folgt. Der Nutzeffekt wird vom Erfinder zu 0,82 angegeben, muss aber wohl als Ausnahmewerth betrachtet werden.

Der Nutzeffekt grösserer Turbinen kann nach Prof. Fink zu
0,75 mit Sicherheit angenommen werden.

§ 14.

Der Gesammtnutzeffekt des Wassertriebwerkes setzt sich
zusammen aus dem:

$$\text{Nutzeffekt der Pumpe } \eta_1,$$
$$\text{„ „ Leitung } \eta_2,$$
$$\text{„ des Motors } \eta_3.$$

Den obigen Angaben zufolge kann man annehmen:

$\eta_1 = 0,85$ für kleinere Kräfte,

$\eta_1 = 0,90$ „ grössere „

$\eta_2 = 0,997$ bis 0,40 (die speciellen Werthe sind auf Seite 42
    genau angegeben).

$\eta_3 = 0,60$ für kleinere Kräfte,

$\eta_3 = 0,75$ „ grössere „

Demnach erhält man für den Gesammtnutzeffekt entsprechend
den Entfernungen von 100, 500, 1000, 5000, 10000 und 20000
Metern die folgenden Werthe:

1. bei Uebertragung kleinerer Kräfte:

$$\eta = 0,51 - 0,50 - 0,49 - 0,43 - 0,36 - 0,20,$$

2. bei Uebertragung grosser Kräfte:

$$\eta = 0,66 - 0,65 - 0,64 - 0,56 - 0,47 - 0,27.$$

Beim elektrischen Triebwerk konnte man für grössere Entfernungen den dadurch entstehenden grösseren Widerstand der

Leitung durch Verminderung der Stromstärke und Vermehrung der elektromotorischen Kraft unschädlich machen. Ein gleiches ist für das Wasser-Triebwerk durch Aenderung des Wasserquantums und des Wasserdruckes möglich, jedoch ist man bei der Wahl des Druckes insbesondere durch die geringe Haltbarkeit gusseiserner Röhren sehr beschränkt, so dass der grosse Reibungsverlust für längere Leitungen unvermeidlich wird.

Die für den Gesammtnutzeffekt gefundenen Werthe lassen sich in die folgenden abrunden:

für Entfernungen bis 1000 m — $\eta = 0{,}50$ (für grössere Kräfte 0,65),
„ „ „ 5000 „ $\eta = 0{,}40$ („ „ „ 0,55),
„ „ „ 10000 „ $\eta = 0{,}35$ („ „ „ 0,45),
„ „ „ 20000 „ $\eta = 0{,}20$ („ „ „ 0,25).

§ 15.

Die Kosten, welche die Anlage eines Wasserwerkes verursacht, lassen sich aus folgenden Zusammenstellungen ersehen*):

1. Ein 5-pferdiges Triebwerk erfordert:

a) bei 100 m Länge:

1 Druckpumpe	Mk.	1100,00
1 Kraftsammler mit Armatur und Anschlussröhren	„	1400,00
1 Wassermotor	„	1075,00
100 m Röhren von 0,08 m Durchm., 1 m = 6,4 Mk.	„	640,00
	Summa: Mk.	4215,00

---

*) Für die Preisberechnung sind für zunehmende Entfernung trotz des abnehmenden Nutzeffektes dieselben Druckpumpen und Motoren, wie bei geringen Triebwerkslängen angenommen, da die Verluste in der Leitung nur die Druckhöhe, nicht aber das geförderte Volumen, mithin auch nicht die Grösse und den Preis der Maschinen beeinflussen. Die Preise sind grösstentheils dem

b) bei 500 m Länge:

<table>
<tr><td>1 Druckpumpe</td><td rowspan="3">} wie unter a . . . . .</td><td>Mk.</td><td>3 575,00</td></tr>
<tr><td>1 Sammler</td></tr>
<tr><td>1 Motor</td></tr>
<tr><td>500 m Röhren . . . .</td><td></td><td>„</td><td>3 200,00</td></tr>
</table>

Summa: Mk. 6 775,00

c) bei 1000 m Länge:

1 Pumpe etc. . . . . Mk. 3 575,00

1000 m Leitung . . . . „ 6 400,00

Summa: Mk. 9 975,00

d) bei 5000 m Länge:

1 Pumpe etc. . . . . Mk. 3 575,00

5000 m Leitung . . . . „ 32 000,00

Summa: Mk. 35 575,00

e) bei 10 000 m Länge:

1 Pumpe etc. . . . . Mk. 3 575,00

10 000 m Leitung . . . . „ 64 000,00

Summa: Mk. 67 575,00

f) bei 20 000 m Länge:

1 Pumpe etc. . . . . Mk. 3 575,00

20 000 m Leitung . . . . „ 128 000,00

Summa: Mk. 131 575,00

Verzeichniss von A. Schmid in Zürich entnommen. Die Fundirung und Montirung ist mit in den Preis der einzelnen Maschinen und der Leitung eingeschlossen.

2. Ein 10-pferdiges Triebwerk erfordert:

a) bei 100 m Länge:

1 Druckpumpe	Mk.	1 900,00
1 Kraftsammler mit Anschlussröhren .	„	1 800,00
1 Wassermotor	„	1 640,00
100 m Leitung von 0,10 m Dm., à 8 Mk.	„	800,00
	Summa: Mk.	6 140,00

b) bei 500 m

1 Druckpumpe, 1 Sammler, 1 Motor .	Mk.	5 340,00
500 m Leitung	„	4 000,00
	Summa: Mk.	9 340,00

c) bei 1000 m:

1 Pumpe etc.	Mk.	5 340,00
1000 m Leitung	„	8 000,00
	Summa: Mk.	13 340,00

d) bei 5000 m:

1 Pumpe etc.	Mk.	5 340,00
5000 m Leitung	„	40 000,00
	Summa: Mk.	45 340,00

e) bei 10000 m:

1 Pumpe etc.	Mk.	5 340,00
10 000 m Leitung	„	80 000,00
	Summa: Mk.	85 340,00

f) bei 20000 m:

1 Pumpe etc.	Mk.	5 340,00
20 000 m Leitung	„	165 000,00
	Summa: Mk.	165 340,00

3. Ein 50-pferdiges Triebwerk erfordert:

a) bei 100 m:

1 Druckpumpe mit 2 gekuppelten Cylindern . . . . Mk.	5 740,00
1 Sammler mit Garnitur und Anschlussröhren . . . . „	3 250,00
2 Wassermotoren à 2560 Mk. . . . „	5 120,00
100 m Rohr von 0,20 m Dm., à 16 Mk. „	1 600,00
Summa: Mk.	15 710,00

b) bei 500 m:

1 Pumpe, 1 Sammler, 2 Motoren . . Mk.	14 110,00
500 m Leitung . . . . „	8 000,00
Summa: Mk.	22 110,00

c) bei 1000 m:

1 Pumpe etc. . . . . Mk.	14 110,00
1000 m Leitung . . . . „	16 000,00
Summa: Mk.	30 110,00

d) bei 5000 m:

1 Pumpe etc. . . . . Mk.	14 110,00
5000 m Leitung . . . . „	80 000,00
Summa: Mk.	94 110,00

e) bei 10000 m:

1 Pumpe etc. . . . . Mk.	14 110,00
10000 m Leitung . . . . „	160 000,00
Summa: Mk.	174 110,00

f) bei 20000 m:

1 Pumpe etc. . . . . Mk.	14 110,00
20000 m Leitung . . . . „	320 000,00
Summa: Mk.	334 110,00

4. Ein 100-pferdiges Triebwerk erfordert:

a) bei 100 m Entfernung:

1 Druckpumpe mit 4 gekuppelten Cylindern	Mk.	11 480,00
1 Kraftsammler mit Garnitur etc. . .	„	4 070,00
4 Wassermotoren à 2560 Mk. . . .	„	10 240,00
100 m Leitung von 0,27 m Dm. à 31 Mk.	„	3 100,00
Summa:	Mk.	28 890,00

b) bei 500 m:

1 Druckpumpe etc.	Mk.	25 790,00
500 m Leitung	„	15 500,00
Summa:	Mk.	41 290,00

c) bei 1000 m:

1 Druckpumpe etc.	Mk.	25 790,00
1000 m Leitung	„	31 000,00
Summa:	Mk.	56 790,00

d) bei 5000 m:

1 Druckpumpe etc.	Mk.	25 790,00
5000 m Leitung	„	154 000,00
Summa:	Mk.	180 790,00

e) bei 10000 m:

1 Pumpe etc.	Mk.	25 790,00
10 000 m Leitung	„	310 000,00
Summa:	Mk.	335 790,00

f) bei 20 000 m:

1 Pumpe etc.	Mk.	25 790,00
20 000 m Leitung	„	610 000,00
Summa:	Mk.	635 790,00

Die Preise sind reducirt auf 1 Pferdestärke in der folgenden Tabelle zusammengestellt:

Tabelle 2.

Es werden über- tragen: P. S.	Die Triebwerkslänge beträgt:					
	100 m	500 m	1000 m	5000 m	10000 m	20 000 m
	M.	*M.*	*M.*	*M.*	*M.*	*M.*
5	843	1355	1995	7115	13515	26315
10	614	934	1334	4534	8534	16534
50	314	442	612	1862	3482	6682
100	289	413	568	1808	3358	6358

Die jährlichen Ausgaben berechnen sich hieraus, indem man $14^0/_0$ von den einzelnen Werthen nimmt. Um die Ausgaben pro Stunde und Pferd zu erhalten, hat man dann noch mit $300 \cdot 10$ die Zahlen zu dividiren. Die Resultate sind hier nicht weiter angegeben.

Die durch den Energieverlust verursachten Unkosten sind die folgenden:

Bei Annahme von Dampfkraft und unter Zugrundelegung der auf Seite 49 angegebenen Werthe der Nutzeffekte erhält man die Zahlen entsprechend den dort angegebenen Entfernungen:

1. bei Uebertragung kleiner und mittlerer Kräfte:

Mk. 0,170 — 0,170 — 0,170 — 0,212 — 0,243 — 0,425,

2. bei Uebertragung grosser Kräfte:

Mk. 0,122 — 0,122 — 0,122 — 0,155 — 0,189 — 0,340.

Ebenso bei Annahme von Wasserkraft:

1. Mk. 0,013 — 0,013 — 0,013 — 0,016 — 0,019 — 0,033,
2. „ 0,009 — 0,009 — 0,009 — 0,012 — 0,015 — 0,026.

Aus diesen Zahlen ergeben sich die Gesammtausgaben pro Stunde und Pferd analog den Rechnungen bei dem elektrischen

Triebwerk. Die endgültigen Werthe sind in den folgenden Tabellen zusammengestellt.

Tabelle A$_2$.

Preise in Mark für die nutzbare Pferdestärke und Stunde bei Ueberleitung von Dampfkraft durch ein Wassertriebwerk.

Es werden über-tragen: P. S.	Die Triebwerkslänge beträgt:					
	100 m	500 m	1000 m	5000 m	10000 m	20000 m
	M.	*M.*	*M.*	*M.*	*M.*	*M.*
5	0,209	0,236	0,263	0,544	0,873	1,653
10	0,198	0,213	0,232	0,423	0,641	1,196
50	0,136	0,142	0,150	0,242	0,351	0,651
100	0,135	0,141	0,148	0,239	0,345	0,570

Tabelle B$_2$.

Preise in Mark für die nutzbare Pferdestärke und Stunde bei Uebertragung von Wasserkraft durch ein Wassertriebwerk.

Es werden über-tragen: P. S.	Die Triebwerkslänge beträgt:					
	100 m	500 m	1000 m	5000 m	10000 m	20000 m
	M.	*M.*	*M.*	*M.*	*M.*	*M.*
5	0,024	0,032	0,040	0,115	0,208	0,399
10	0,021	0,025	0,031	0,079	0,138	0,264
50	0,013	0,015	0,018	0,038	0,063	0,119
100	0,013	0,014	0,016	0,036	0,060	0,095

Berechnet man, wie sich die Pferdestärke aus Benutzung der Wasserleitung ergiebt, so hat man folgende Zahlen:

In Berlin kostet ein Kubikmeter Wasser 0,15 Mk. Die Druckhöhe im Strassenrohr schwankt zwischen 30 und 33 m, so dass bei Annahme eines Nutzeffektes $\eta = 60$ für den Wassermotor jede Pferdestärke circa 0,250 cbm Wasser pro Minute und 15 cbm pro Stunde verbraucht. Der Preis pro Stunde und Pferd berechnet sich hiernach zu $0,15 \cdot 15 = 2,25$ Mk. Hierzu kommen circa 0,025 Mk. zur Verzinsung, Amortisation und Reparatur des Motors, so dass die Gesammtkosten pro Stunde und Pferdestärke sind:

$$2,25 + 0,025 = 2,275 \text{ Mark.}$$

Für die Stadt Zürich, wo die Wasserwerke durch Turbinen in Bewegung gesetzt werden, ist der Wasserpreis niedriger, so dass der Preis pro Stunde und Pferdestärke 0,80 Mark beträgt.

III.

Das Lufttriebwerk.

§ 16.

Die gesammten Lufttriebwerke lassen sich in Vakuum- und Kompressions-Triebwerke zertheilen. Bei den ersteren wird an einem Orte, wo genügend Betriebskraft vorhanden ist, ein Vakuum erzeugt, welches sich durch eine Rohrleitung der Stelle mittheilt, wohin die Arbeit übertragen werden soll. Indem man die äussere Luft in das Vakuum einströmen lässt, gewinnt man die vorher aufgewendete Arbeit wieder. Da man auf diese Art höchstens 0,6 bis 0,7 atm. Ueberdruck erzielen kann, so lassen sich grössere Kräfte nur übertragen, wenn man Maschinen von aussergewöhnlichen Dimensionen anwenden will. Die Vakuumtriebwerke haben Verwendung gefunden bei der Rohrpost, Eisenbahnbremsen etc.; der Revue industrielle zufolge ist sogar eine grosse Arbeitsvertheilungsanlage nach demselben Systeme für Paris geplant.

Vortheilhafter ist die Uebertragung durch komprimirte Luft. Hier kann man die Kompression so weit als möglich treiben. Gewöhnlich beträgt die Spannung 5—7 atm., bei Strassenbahnlokomotiven 11—15 atm., ausnahmsweise kommen auch Spannungen bis zu 100 atm., wie bei Füllung der Torpedos, vor. Dadurch ist man in den Stand gesetzt, schon mit Maschinen von geringen Dimensionen bedeutende Kräfte übertragen zu können.

Der ganze in einem Kompressionstriebwerk vor sich gehende Process lässt sich, wie bei den vorhergehenden Triebwerken, in

3 Perioden zertheilen. Die erste umfasst die Kompression der Luft, die zweite die Aufsammlung, Druckregulirung und Fortleitung der komprimirten Luft, die dritte das Wiedergewinnen der eingeleiteten Arbeit. Man hat sonach zu betrachten:

    1. den Luftkompressor (Vordermaschine),
    2. die Leitung,
    3. den Luftmotor (Hintermaschine).

§ 17.

Die Luftkompressoren sind dem Prinzip nach Kolbenpumpen mit selbstthätigen Ein- und Auslass-Ventilen. Beim Vorgang saugt der Kolben Luft aus der Atmosphäre in den Cylinder, beim Rückgang wird diese komprimirt und in ein Reservoir mit konstanter Spannung gedrückt, von wo sie in die Rohrleitung weiter fliesst.

Ist der Cylinder der Pumpe einfach aus Gusseisen ausgeführt ohne jede künstliche Kühlung, so geht die Kompression nach adiabatischem Gesetze vor sich, d. h. es wird weder Wärme zu- noch abgeführt. Alsdann ist die für die Kompression der Gewichtseinheit Luft aufzuwendende Arbeit gleich der Veränderung der inneren Arbeit, also:

$$A_0 = \frac{c}{E}\,(T_1 - T_0),$$

wo bedeutet:

$\dfrac{1}{E}$ das mechanische Wärmeäquivalent $= 432$,

c die spec. Wärme der Luft für konstantes Volumen $= 0{,}16847$,

T_0 und T_1 die absoluten Temperaturen zu Anfang und Ende der Kompression entsprechend $273 + t_0^0\,\mathrm{C.}$ und $273 + t_1^0\,\mathrm{C.}$

Hierzu kommt die Arbeit, welche nöthig ist um das komprimirte Volumen in die Leitung zu drücken

$$v_1\,p_1,$$

wo v_1 und p_1 Endvolumen und Enddruck bezeichnen, vermindert um die Gegenarbeit, welche die Luft beim Ansaugen leistet

$$v_0\,p_0.$$

Die gesammte aufzuwendende Arbeit wird dadurch:

$$(27) \qquad A_c = \frac{c}{E}\,(T_1 - T_0) + p_1 v_1 - p_0 v_0.$$

Weiter bestehen die Gleichungen:

$$p_1 v_1 = \frac{c}{E}\,(k-1)\cdot T_1 \quad \text{und} \quad p_0 v_0 - \frac{c}{E}\,(k-1)\cdot T_0 \;\; (k=1,41),$$

wodurch Gl. (27) übergeht in:

$$(28) \qquad A_c = \frac{kc}{E}\,(T_1 - T_0) = 102{,}68\,(T_1 - T_0).$$

Durch Anwendung des Poisson'schen Gesetzes

$$\frac{T_1}{T_0} = \left(\frac{p_1}{p_0}\right)^{\frac{k-1}{k}} = \left(\frac{p_1}{p_0}\right)^{0,29}$$

ergiebt sich:

$$(29) \qquad A_c = p_0 v_0 \cdot \frac{k}{k-1}\left(\frac{T_1}{T_0} - 1\right).$$

Die Endtemperatur ergiebt sich direkt aus der Gleichung

$$T_1 = T_0 \cdot \left(\frac{p_1}{p_0}\right)^{0,29}.$$

Wenn man, wie im allgemeinen zutreffend ist, T_0 zu $273 + 20^\circ$ C. annimmt, so erhält man für verschiedene $\frac{p_1}{p_0}$ folgende Werthe von T_1:

$\frac{p_1}{p_0} =$	$T_1 =$	$\frac{p_1}{p_0} =$	$T_1 =$
2	$273 +$ 85,2	8	$273 +$ 262,4
3	„ 129,9	9	„ 281,1
4	„ 164,9	10	„ 298,3
5	„ 194,2	11	„ 314,2
6	„ 219,6	12	„ 329,2
7	„ 242,1	15	„ 369,5

Diese Tabelle zeigt, wie beträchtlich die Temperaturerhöhung schon bei ziemlich geringer Kompression ist. Daraus folgt sofort, dass die adiabatische Kompression für Zwecke der Kraftübertragung durchaus unbrauchbar ist, denn die hohe Temperatur der komprimirten Luft würde in der Rohrleitung einen grossen Wärme- und damit einen entsprechenden Arbeitsverlust herbeiführen.

Man kann leicht den Nutzeffekt überschlagen, welchen man mit einem Lufttriebwerk, wo sowohl Kompression wie Expansion adiabatisch vor sich gehen, abgesehen von allen Unvollkommenheiten der Maschinen erzielen kann. Bezeichnet man für die Expansion die Anfangs- und End-Spannung mit φ_1 und φ_0, die absoluten Temperaturen. mit ϑ_1 und ϑ_0, so ist bei vollständiger Expansion die wiedergewonnene Arbeit:

$$A_m = \frac{kc}{E}\,(\vartheta_0 - \vartheta_1).$$

Daraus folgt der Nutzeffekt des Systemes:

$$\eta = \frac{A_m}{A_c} = \frac{\vartheta_0 - \vartheta_1}{T_1 - T_0} = \frac{\vartheta_1}{T_0} \cdot \frac{\left(\dfrac{\varphi_0}{\varphi_1}\right)^{0,29} - 1}{\left(\dfrac{p_1}{p_0}\right)^{0,29} - 1}.$$

Macht man hier $\dfrac{\varphi_0}{\varphi_1} = \dfrac{p_1}{p_0}$, so erhält man:

$$\eta = \frac{\vartheta_1}{T_0} = \frac{\vartheta_0}{T_1}.$$

Der Arbeitsverlust $A_c - A_m$ ist also proportional $T_1 - \vartheta_0$, d. h. dem Wärmeverlust in der Leitung. Der Verlust würde $= 0$ oder $\eta = 1$ für $\vartheta_0 = T_1$, d. h. die Endtemperatur der Kompression müsste gleich der Anfangstemperatur der Expansion sein. Diese Annahme ist nicht möglich, man kann vielmehr, wie weiterhin genauer auseinandergesetzt werden wird, bei langen Leitungen ϑ_0 der Temperatur der umgebenden Atmosphäre gleich setzen. Für gewöhnliche Fälle würde also $\vartheta_0 = 273 + 20^0$ C. zu nehmen sein, woraus sich folgende Tabelle berechnet:

$\dfrac{p_1}{p_0} =$	$\eta =$	$\dfrac{p_1}{p_0} =$	$\eta =$
2	0,82	8	0,55
3	0,72	9	0,53
4	0,67	10	0,51
5	0,63	11	0,50
6	0,60	12	0,49
7	0,57	15	0,46

In Wirklichkeit würden die Zahlen für den Nutzeffekt noch geringer werden, da die Verluste in Kompressor und Motor hinzukämen.

Ein weiterer Nachtheil der adiabatischen Zustandsänderung ist die beträchtliche Abkühlung der Luft während der Expansion. Dieselbe berechnet sich nach der Gleichung:

$$\frac{\vartheta_1}{\vartheta_0} = \left(\frac{\varphi_1}{\varphi_0}\right)^{0,29}.$$

Für $\vartheta_0 = 273 + 20^{\circ}$ C. ergiebt sich folgende Tabelle:

$\dfrac{\varphi_0}{\varphi_1} =$	$\vartheta_1 =$	$\dfrac{\varphi_0}{\varphi_1} =$	$\vartheta_1 =$
2	273 − 33,4	5	273 − 89,3
3	„ − 60,0	10	„ − 122,9
4	„ − 77,0	15	„ − 139,4

Der in der Luft enthaltene Wasserdampf würde sich also sofort als Eis an den Wänden des Cylinders niederschlagen.

Somit ist das unzweckmässige eines Triebwerkes mit adiabatischen Zustandsänderungen zur Genüge dargelegt.

§ 18.

Den vorhergegangenen Ausführungen zufolge würde ein Kompressor am günstigsten arbeiten, wenn die Temperatur der eingeschlossenen Luft konstant bliebe, d. h. isothermische Zustandsänderung stattfände. Es ist also nothwendig, die überschüssige Wärme durch künstliche Kühlung abzuführen.

Je nach der Art dieser Kühlung hat man zu unterscheiden:

1. Kompressoren mit äusserer Kühlung (durch einen Wassermantel),

2. Kompressoren mit direkter Berührung der Luft und des Kühlwassers,

    a) vermöge eines Wasserkolbens,

    b) vermöge Einspritzens fein zertheilten Wassers.

Die erste Art der Kühlung durch Ummantelung des Cylinders ist die älteste Methode, hat aber nur einen geringen Erfolg. So erzielt man bei Kompression auf 5 atm. eine Endtemperatur von ca. 90° C. Die Temperaturerniedrigung ist also genügend für Gebläse mit starker Windpressung, wo man gern die Ventile und Klappen aus Leder oder Gummi ausführt, jedoch für Kraftübertragung viel zu gering. — Schon bedeutend wirksamer ist die Kühlung mit Wasserkolben. Dieselbe ist zum ersten Male von Sommeiller an Kompressoren für den Bau des Mt. Cenis-Tunnels ausgeführt worden. Bei einer Endspannung der Luft von 7 atm. stieg die Temperatur nicht über 45°.

Die Kompressoren sind so gebaut, dass der Cylinder vertikal steht. Ueber dem sich ebenfalls vertikal bewegenden Kolben befindet sich Wasser, welches durch geeignete Zuleitungsröhren stets erneut wird. Beim Hochgang des Kolbens drängt das Wasser die Luft durch die Druckventile, beim Rückgang saugt es Luft an. Man hat hier die Möglichkeit in der Hand, die schädlichen Räume durch Wasser fast vollständig auszufüllen.

Obschon die Kühlung eine äusserst befriedigende ist, so steht sie doch der in den Einspritzkompressoren weit nach.

Diese nach ihrem Erfinder Colladon benannten Kompressoren führen bei jedem Kolbenhub fein zerstäubtes Wasser dem eingeschlossenen Luftgewicht zu. Sie sind in neuerer Zeit fast ausschliesslich in Gebrauch und haben sich besonders beim Bau des Gotthardtunnels glänzend bewährt.

Ausser der Wassereinspritzung ist in der Regel noch ein Wassermantel vorgesehen, selbst Kolben- und Kolbenstange sind hohl ausgeführt und von Kühlwasser durchflossen. Auf diese Weise erreicht man fast isothermische Zustandsänderung und hat namentlich in der Hand die Wasserzufuhr auf ein Minimum zu beschränken, was gegenüber den Kompressoren mit Wasserkolben ein nicht unbedeutender Vortheil ist.

Das Wassergewicht, welches pro kg Luft eingespritzt werden muss, lässt sich leicht bestimmen. Bezeichnet man nämlich die Endtemperatur, welche nicht überschritten werden soll, und welche zu ca. 40° C. angenommen werden kann mit t_0, so ist die Wärmemenge abzuführen:

$$Q = R \cdot T_0 \cdot E \cdot ln \frac{p_1}{p_0}.$$

Tritt das Wasser mit 20° C. ein, so dass jedes Liter 20 Cal. aufnehmen kann, so berechnet sich folgende Tabelle:

$\dfrac{p_1}{p_0} =$	Entwickelte Wärme Q Cal.	Wassergewicht pro 1 kg Luft
2	14,69	0,734
4	29,39	1,469
6	37,97	1,891
8	44,08	2,204
10	48,81	2,440
15	57,42	2,871

Meistens wird man annehmen können, dass die Temperatur des eintretenden Kühlwassers geringer ist als die angenommene. Beim Gotthard in Airolo betrug sie 4° C., für gewöhnlich wird man 6—8° voraussetzen können. Hiernach vermindert sich das einzuspritzende Wassergewicht um einen entsprechenden Theil.

§ 19.

Die Arbeit, welche man für Kompression der Gewichtseinheit Luft bei isothermischer Zustandsänderung aufwenden muss, berechnet sich für einen idealen Prozess nach der Formel:

$$(30) \qquad A = v_0 \, p_0 \, ln \, \frac{p_1}{p_0}.$$

Wenn man hier v_0, p_0 und p_1 durch Messung bestimmt, so hat man nach der angegebenen Formel die theoretisch aufgewendete Arbeit. Die wirklich verbrauchte Arbeit ist grösser als diese und kann durch ein Dynamometer bestimmt werden. Das Verhältniss beider giebt den Nutzeffekt.

Zunächst ist die Frage zu beantworten, welchen Einfluss der schädliche Raum auf die Kompressionsarbeit ausübt.

Nimmt man an, dass dieser, auf die Kolbenfläche reducirt, das m-fache des Kolbenhubes beträgt, so berechnet sich der sogenannte Fördergrad, d. h. das Verhältniss des wirklich angesaugten Luftvolumens zu dem vom Kolben durchlaufenen Raum, nach der Gleichung:

$$\varphi = \frac{v_0 - m \, \varphi_0 \left(\dfrac{p_1}{p_0} - 1 \right)}{v_0}.$$

Wie unschwer nachzuweisen ist, hat man für die Arbeit:

$$A_c = \varphi \cdot v_0 \cdot p_0 \, ln \, \frac{p_1}{p_0}.$$

Für die Kubikeinheit geförderter Luft ergiebt sich demnach:

$$a_1 = \frac{A_0}{\varphi \cdot v_0} = p_0 \cdot ln \, \frac{p_1}{p_0}.$$

Ohne Berücksichtigung des schädlichen Raumes hatte man erhalten:

$$a_2 = \frac{A}{v_0} = p_0 \, ln \, \frac{p_1}{p_0}.$$

Man ersieht aus dem Resultat, dass der schädliche Raum eines Kompressors keinen Kraftverlust herbeiführen kann, nur die Dimensionen der Maschine und die damit verbundenen passiven Widerstände werden vergrössert.

Der Nutzeffekt der Kompressoren hängt daher nur von Reibungswiderständen ab und muss experimentell bestimmt werden. Aus vorhandenen Zahlen*) ist folgende Tabelle zusammengestellt:

	Kompressoren mit Wasserkolben. System Sommeiller.			Einspritz-Kompressoren. System Colladon.		
	Mt. Cenis (Süd-Portal)	Mt. Cenis (Nord-Portal)	Cockerill	Göschenen	Airolo	Bergwerk Sens
Kolbengeschw.	0,350	0,350	0,580	1,733	1,275	1,500
Enddruck	6	6	7	8	8	5
Endtemperatur	65°	65°	35°	25°	25°	23°
Nutzeffekt	0,75	0,75	0,75	0,80	0,85	0,85

Die Tabelle zeigt wiederum den hohen Vorzug der Einspritz-Kompressoren.

§ 20.

Der Druckverlust, welchen Luft beim Durchfluss durch eine Rohrleitung erleidet, steht, wie beim Wasser, im direkten Verhältniss zur Länge der Leitung, zum Quadrate der Geschwindigkeit und im umgekehrten Verhältniss zum Durchmesser. Da das Luftvolumen im umgekehrten Verhältniss zur Dichtigkeit steht, so werden für einen gegebenen Querschnitt, durch welchen ein bestimmtes Luftgewicht fliesst, die Geschwindigkeiten der Luft sich umgekehrt verhalten, wie die Pressungen. Man hat also die Durchmesser umgekehrt den Spannungen zu wählen,

---

*) Die Zahlen sind dem Werke von A. Pernolet, „L'air comprimé", entnommen.

und es ist daher günstig, hohe Spannungen zu nehmen. Leider ist es wegen der Uebelstände, welche dieselben im Kompressor und Luftmotor in Folge starker Erhitzung und Abkühlung mit sich führen, nicht rathsam für gewöhnliche Anlagen 6—8 atm. zu überschreiten.

Für den Durchfluss giebt die Wärmetheorie zwei Gleichungen.

Erstens kann man annehmen, dass die Rohrwände für Wärme undurchdringlich sind. Dann gelten die Gesetze der adiabatischen Zustandsänderung:

$$\frac{u_2^2}{2\,g} = \frac{c_1}{E}\,(T_1 - T_2),$$

$$\frac{T_2}{T_1} = \left(\frac{p_2}{p_1}\right)^{\frac{k-1}{k}},$$

wo bedeutet:

u_2 die Endgeschwindigkeit der Luft in der Sekunde,

g die Erdacceleration $= 9{,}81$,

$k = 1{,}41$,

c_1 die spec. Wärme für konstanten Druck $= 0{,}23751$,

T_1 und T_2 die absoluten Temperaturen zu Anfang und Ende der Leitung,

p_1 und p_2 die Anfangs- und End-Pressung.

Wie die Formel zeigt, sinkt die Temperatur bei wachsendem Druckverlust.

Für den zweiten Fall hat man isothermischen Durchfluss anzunehmen. Dann ist:

$$\frac{u_2^2}{2\,g} = R \cdot T \cdot ln\frac{p_1}{p_2}.$$

Bei dieser Annahme muss die Luft so viel Wärme von den Rohrwänden aufnehmen, als der Druckverringerung und Volumenausdehnung entspricht.

In der Wirklichkeit wird keine der beiden Annahmen vollständig zutreffen, und man muss zu bestimmen suchen, welche der Wahrheit am nächsten kommt und welche in Folge dessen weiteren Untersuchungen zu Grunde gelegt werden kann.

Zahlreiche Versuche, welche von Stockhalper beim Bau des Gotthardtunnels angestellt worden sind, beweisen, dass die komprimirte Luft in der Leitung die Temperatur der umgebenden Atmosphäre annimmt. Im Tunnel war die Temperatur nicht konstant, sondern nahm nach dem Innern zu, weshalb auch die Luft in der Leitung eine höhere Temperatur zu Ende als zu Anfang besass. Nach Stockhalper ist in einer Entfernung vom Tunnelkopf von:

800 m die Temperatur des Tunnels 19,50° und die der Leitung 16,30°,
3500 „ „   „   „   „   26,26° „ „ „   „   23,35°,
5000 „ „   „   „   „   29,50" „ „ „   „   27,30°,
5800 „ „   „   „   „   30,00° „ „ „   „   27,30°.

Für konstante äussere Temperaturen hat man daher anzunehmen, dass auch die Temperatur der eingeschlossenen Luft konstant bleibt, woher die Gleichung zur Verwendung kommt:

$$(31) \qquad \frac{u_2^2}{2\,g} = R \cdot T \cdot ln \frac{p_1}{p_2}.$$

Hier kann man entwickeln:

$$ln \frac{p_1}{p_2} = ln \left(1 + \frac{p_1 - p_2}{p_2}\right) = \cdot \frac{p_1 - p_2}{p_2}.$$

Dadurch erhält man:

$$\frac{u_2^2}{2\,g} = R \cdot T \cdot \frac{p_1 - p_2}{p_2}.$$

Durch Benutzung der Gleichungen:

$$v \cdot p = R \cdot T \text{ und } v = \frac{1}{\delta} \; (\delta = \text{Dichtigkeit der Luft})$$

ergiebt sich:

$$\frac{u_2^2}{2\,g} = \frac{p_1 - p_2}{\delta_2},$$

oder für mittlere Werthe:

$$(32) \qquad \frac{u^2}{2\,g} = \frac{p_1 - p_2}{\delta},$$

wo gesetzt ist:

$$u = \frac{u_1 + u_2}{2}, \quad \delta = \frac{\delta_1 + \delta_2}{2}, \quad T = \frac{T_1 + T_2}{2}.$$

In diesen Gleichungen ist der Reibungswiderstand noch nicht berücksichtigt, sondern es ist angenommen, dass der ganze durch den Druckverlust entstehende Arbeitsverlust allein zur Vergrösserung der Luftgeschwindigkeit verwendet ist. Für den Reibungsverlust kann man setzen

$$z \cdot u^2,$$

wo z abhängt von Länge und Durchmesser der Leitung. Dadurch geht Gleichung (32) über in:

$$\frac{u^2}{2\,g} + z\,u^2 = \frac{p_1 - p_2}{\delta},$$

$$\left(\frac{1}{2\,g} + z \right) u^2 = \frac{p_1 - p_2}{\delta}.$$

$\left(\dfrac{1}{2\,g} + z \right)$ ist ein konstanter Faktor, welchen man aus Analogie mit der für Wasser angenommenen Formel proportional mit $\zeta \cdot \dfrac{l}{d}$ setzen kann. Dadurch wird:

$$\zeta \cdot \frac{l}{d} \cdot u^2 = \frac{p_1 - p_2}{\delta}.$$

Bezeichnet man mit J die Druckdifferenz für den laufenden Meter $= \dfrac{p_1 - p_2}{l}$, so ist:

$$(33) \qquad \frac{\zeta \cdot u^2}{d} = \frac{J}{\delta}.$$

Das durchfliessende Volumen ist:

$$Q = \frac{\pi\,d^2}{4} \cdot u,$$

woraus folgt:

$$(34) \qquad \frac{J}{\delta} = \left(\frac{4}{\pi}\right)^2 \cdot \frac{Q^2}{d^5} \cdot \zeta.$$

Setzt man hier:

$$\left(\frac{4}{\pi}\right)^2 \cdot \zeta \cdot \frac{1}{d^5} = \alpha,$$

so findet sich:

$$(35) \qquad J = \alpha\, Q^2 \cdot \delta, \quad Q = \sqrt[2]{\frac{J}{\alpha \cdot \delta}}.$$

Für α nimmt man zweckmässig die Formeln, welche von Darcy für den Fluss von Luft aufgestellt sind. Nach diesen ist:

$$\alpha = \left(0{,}000507 + \frac{0{,}00001294}{D}\right) \cdot \frac{0{,}0032423}{D^5}.$$

Hiernach lässt sich für ein gegebenes D jederzeit α ermitteln.

Der Verlust an Druck ist noch in Arbeitsverlust umzurechnen.

Zu Anfang der Leitung ist die potentielle Energie der Luft:

$$p_1 \cdot v_1 \, ln \, \frac{p_1}{p_0}.$$

zu Ende:

$$p_2 \cdot v_2 \, ln \, \frac{p_2}{p_0}.$$

Hier hat man:

$$p_1 v_1 = p_2 v_2,$$

wodurch der Verlust sich berechnet nach:

$$A_0 = p \cdot v_1 \, ln\, \frac{p_1}{p_0} - p_2 v_2 \, ln\, \frac{p_1}{p_0} = p_1 v_1 \left(ln\, \frac{p_1}{p_0} - ln\, \frac{p_2}{p_0} \right)$$

$$= p_1 v_1 \cdot ln\, \frac{p_1}{p_2}.$$

Der Nutzeffekt der Leitung stellt sich dar durch:

$$(36) \qquad \eta = \frac{p_2 v_2 \, ln\, \dfrac{p_2}{p_0}}{p_1 v_1 \, ln\, \dfrac{p_1}{p_0}} = \frac{ln\, \dfrac{p_2}{p_0}}{ln\, \dfrac{p_1}{p_0}}.$$

Beim Gotthard wurde eine Röhre benutzt von 4600 m Länge und 0,20 m Durchmesser. Es war (nach Stockhalper)*):

$$p_1 = 5,60 \text{ atm.}, \quad v_1 = 0,185 \text{ cbm}, \quad p_2 = 5,03 \text{ atm.}$$

Darnach würde der Druckverlust $p_1 - p_2 = 0,57$, ein Resultat, welches mit dem nach Darcy bestimmten nicht ganz übereinstimmt. Darcy erhält nämlich $p_1 - p_2 = 0,36$, was der Ungenauigkeit der empirischen Formel zuzuschreiben ist.

Für den Nutzeffekt ergiebt sich:

$$\eta = \frac{ln \dfrac{5,03}{1}}{ln \dfrac{5,60}{1}} = 0,937.$$

Auf einer Länge von 4600 m gehen also 6,3% verloren, woraus sich ein Verlust pro Kilometer ergiebt:

$$\frac{6,3}{4,6} = 1,3\%.$$

Die Zahlen sind der Wirklichkeit entnommen, können also ohne Weiteres dem Folgenden zur Grundlage dienen. Für die verschiedenen Entfernungen erhält man bei:

$$
\begin{aligned}
100 \text{ m} \quad & \eta = 0,998 \\
500 \text{ „} \quad & \eta = 0,993 \\
1\,000 \text{ „} \quad & \eta = 0,987, \\
5\,000 \text{ „} \quad & \eta = 0,935, \\
10\,000 \text{ „} \quad & \eta = 0,870, \\
20\,000 \text{ „} \quad & \eta = 0,740.
\end{aligned}
$$

Als Kraftsammler dienen einfache cylindrische Gefässe, welche in die Leitung eingeschaltet werden, und deren Inhalt das 15- bis 25-fache des in der Minute geförderten Luftvolumens beträgt.

---

*) E. Stockhalper, Expériences sur l'écoulement de L'Air comprimé en longues conduites métalliques pour la Transmission de Forces motrices. (Genf 1879).

§ 21.

Die Luftmotoren sind in Konstruktion und Wirkungsweise den Dampfmaschinen vollkommen gleich. Auch hier hat man, wie bei den Dampfmaschinen, zu unterscheiden, ob dieselben mit Volldruck oder mit Expansion arbeiten.

Für den Fall der Expansion gelten ähnliche Regeln, wie sie für die Kompression entwickelt sind. Vor allem muss das Sinken der Temperatur unter 0° C. verhindert werden.

Die allgemeine Formel für die gewonnene Arbeit lässt sich wie folgt, aufstellen:

Für die Periode des Volldrucks, wo das Innere des Cylinders mit der Luftleitung in Verbindung steht, ist die Arbeit:

$$(p_2 - p_0)\,v_2 = p_2\,v_2\left(1 - \frac{p_0}{p_2}\right).$$

Von dem Momente an, wo der Abschluss erfolgt, expandirt die Luft, so dass, wenn die Luft von p_2 bis p_3 expandirt, folgende Arbeit hinzuzurechnen ist:

$$p_2\,v_2\left\{ ln\frac{p_2}{p_3} - \left(\frac{p_0}{p_3} - \frac{p_0}{p_2}\right)\right\}.$$

Für vollständige Expansion ist $p_3 = p_0$, also die Arbeit:

$$p_2\,v_2\left\{ ln\frac{p_2}{p_0} - \left(1 - \frac{p_0}{p_2}\right)\right\}.$$

Die Totalarbeit wird daher:

1. für Volldruck:

$$(37) \qquad A_1 = p_2\,v_2\left(1 - \frac{p_0}{p_2}\right),$$

2. für unvollständige Expansion:

$$(38) \qquad A_2 = p_2\,v_2\left(1 - \frac{p_0}{p_3} + ln\frac{p_2}{p_3}\right),$$

3. für vollständige Expansion:

$$(39) \qquad A_3 = p_2\,v_2 \cdot ln\frac{p_2}{p_0}.$$

Je nach der Güte der Motoren wird man verschiedene Expansionsgrade wählen können.

Die rohesten Apparate finden sich an den Bohrmaschinen. Sie arbeiten meist mit Volldruck und lassen daher nur eine geringe Ausnutzung der vorhandenen Triebkraft zu.

Die vollkommensten Apparate sind die Motoren an Strassenbahnlokomotiven. Da diese mit hohen Expansionsgraden arbeiten, so muss man ein Sinken der Lufttemperatur verhüten, und hat hier als wirksamstes Mittel gefunden, heisses Wasser einzuspritzen.

Die Quantität desselben lässt sich leicht bestimmen. Die zuzuführende Wärmemenge ist:

$$Q = R \cdot T \cdot E \, ln \frac{p_2}{p_0},$$

wo $T = 273 + 0^\circ$ C. zu setzen ist, ebenso $p_0 = 1$.

Daraus berechnet sich die folgende Tabelle:

p_1 in Atm.	Zuzuführende Wärmemenge Q.	Wassergewicht q, pro kg Luft einzuspritzen, wenn die Temperatur desselben ist:		
		20° C.	50° C.	100° C.
2	13,280	0,134	0,103	0,074
4	26,550	0,268	0,206	0,148
6	34,334	0,346	0,266	0,192
8	39,833	0,402	0,309	0,223
10	44,106	0,445	0,342	0,247
15	51,885	0,524	0,402	0,290

Der Nutzeffekt der Motoren stellt sich dar als das Verhältniss der gebremsten Leistung zur indicírten. Es ergeben sich ähnliche Werthe, wie bei den Dampfmaschinen.

Bei schlechteren Maschinen übersteigt η den Werth 0,60 nicht, bei besseren schwankt er zwischen 0,70 und 0,85.

Für eine gut ausgeführte stationäre Anlage kann man $\eta = 0,75$ ohne Bedenken annehmen.

§ 22.

Für den Gesammtnutzeffekt erhält man nach obigen Angaben:

$$\eta = \eta_1 \cdot \eta_2 \cdot \eta_3,$$

wo zu setzen ist:

$\eta_1 = 0,80,$

η_2 nach dem auf Seite 70 Angegebenen,

$\eta_3 = 0,75.$

Entsprechend den Entfernungen von 100, 500, 1000, 5000, 10 000 und 20 000 Metern erhält man:

$$\eta = 0,59 - 0,59 - 0,58 - 0,55 - 0,53 - 0,44.$$

Die hier angegebenen Werthe sind für den günstigsten Fall berechnet, nämlich unter der Annahme, dass die Leitung aus einer glatten Röhre besteht. Im Allgemeinen gehen durch die Sammelcylinder und durch Ecken und Krümmungen in der Leitung einige Procent verloren, so dass man die obigen Werthe zweckmässig in folgende abrundet:

für Entfernungen bis

1 000 m $\quad \eta = 0,55$ (für grosse Kräfte 0,60)*),

10 000 „ $\quad \eta = 0,50$ („ „ „ 0,55),

20 000 „ $\quad \eta = 9,40$ („ „ „ 0,45).

Die Versuchszahlen, welche über den Gesammtnutzeffekt ausgeführt sind, ergeben meistens niedrigere Werthe, was in der Hauptsache den unvollkommenen älteren Kompressoren und den kraftverschwendenden Luftmotoren zuzuschreiben ist. Versuche, welche von Daniel in Leeds angestellt wurden, ergaben als höchsten Werth:

$$\eta = 0,455,$$

als niedrigsten:

$$\eta = 0,255.$$

---

*) Für grössere Leistungen arbeiten sowohl Kompressor wie Luftmotor günstiger, wodurch die Annahme eines höheren Nutzeffektes gerechtfertigt wird.

Am Gotthard ergab sich einschliesslich der Turbine:

$$\eta = 0{,}23.$$

Rechnet man den Nutzeffekt der letzteren zu 0,75, so erhält man für das Triebwerk:

$$\eta = 0{,}30,$$

wobei immer nicht zu vergessen ist, dass die Luft zum Betriebe ungemein unökonomisch arbeitender Gesteinsbohrmaschinen verwandt wurde.

§ 23.

Die Anlage eines Lufttriebwerkes erfordert folgende Ausgaben*):

1. Für ein 5pferdiges Triebwerk:

a) bei 100 m Länge:

1 Luftkompressor	Mk.	3 200,00
1 Luftsammler mit Anschlussröhren etc.	„	1 780,00
1 Luftmotor	„	1 950,00
100 m Rohrleitung von 0,07 m Dm., à 6 Mk.	„	600,00
Summa:	Mk.	7 530,00

b) bei 500 m Länge:

1 Kompressor, 1 Sammler, 1 Motor .	Mk.	6 930,00
500 m Leitung	„	3 000,00
Summa:	Mk.	9 930,00

c) bei 1000 m Länge:

1 Kompressor etc.	Mk.	6 930,00
1000 m Leitung	„	6 000,00
Summa:	Mk.	12 930,00

---

*) Die Preise für Kompressor, Sammler und gusseiserne Leitung sind dem Werke von A. Pernolet: L'air comprimé entnommen. Für die Motoren sind die Preise gleich starker Dampfmaschinen nach dem Verzeichniss von Gebr. Decker u. Co. in Cannstadt angenommen.

d) bei 5000 m Länge:

    1 Kompressor etc. . . . . Mk. 6 930,00

    5000 m Leitung . . . . „ 30 000,00

                   Summa: Mk. 36 930,00

e) bei 10 000 m Länge:

    1 Kompressor etc. . . . . Mk. 6 930,00

    10 000 m Leitung . . . . „ 60 000,00

                   Summa: Mk. 66 930,00

f) bei 20 000 m Länge:

    1 Kompressor etc. . . . . Mk. 6 930,00

    20 000 m Leitung . . . . „ 120 000,00

                   Summa: Mk. 126 930,00

2. Für ein 10pferdiges Triebwerk:

a) bei 100 m Länge:

    1 Kompressor . . . . Mk. 4 800,00

    1 Sammler mit Anschlussröhren . . „ 4 160,00

    1 Luftmotor . - . . . . „ 2 700,00

    100 m Leitung von 0,08 m Dm., à 6,4 Mk. „ 640,00

                   Summa: Mk. 12 300,00

b) bei 500 m Länge:

    1 Kompressor etc. . . . . Mk. 11 660,00

    500 m. Leitung . . . . „ 3 200,00

                   Summa: Mk. 14 860,00

c) bei 1000 m Länge:

    1 Kompressor etc. . . . . Mk. 11 660,00

    1000 m Leitung . . . . „ 6 400,00

                   Summa: Mk. 18 060,00

d) bei 5000 m Länge:

    1 Kompressor etc.. . . . . Mk.   11 660,00

    5000 m Leitung . . . .   „   32 000,00

                           Summa: Mk.   43 660,00

e) bei 10000 m Länge:

    1 Kompressor etc.. . . . . Mk.   11 660,00

    10000 m Leitung . . . .   „   64 000,00

                            Summa: Mk.   75 660,00

f) bei 20000 m Länge:

    1 Kompressor etc.. . . . . Mk.   11 660,00

    20000 m Leitung . . . .   „   128 000,00

                            Summa: Mk. 139 660,00

3. Für ein 50pferdiges Triebwerk ist erforderlich:

a) bei 100 m Entfernung:

    1 Luftkompressor . . . . Mk.   12 800,00

    1 Luftsammler mit Anschlussröhren, Gar-

       nitur etc. . . . .   „   6 500,00

    1 Luftmotor . . . .   „   11 700,00

    100 m Leitung von 0,13 m Dm., à 12 Mk.   „   1 200,00

                            Summa: Mk.   32 200,00

b) bei 500 m Entfernung:

    1 Luftkompressor

    1 Luftsammler   . . . . Mk.   31 000,00

    1 Motor

    500 m Leitung . . . . Mk.   6 000,00

                             Summa: Mk.   37 000,00

c) bei 1000 m:

    1 Luftkompressor etc. . . . . Mk.   31 000,00

    1000 m Leitung . . . .   „   12 000,00

                             Summa: Mk.   43 000,00

d) bei 5000 m:

    1 Kompressor etc.. . . . . Mk. 31 000,00

    5000 m Leitung . . . . „ 60 000,00

                  Summa: Mk. 91 000,00

e) bei 10 000 m:

    1 Kompressor etc.. . . . . Mk. 31 000,00

    10 000 m Leitung . . . . „ 120 000,00

                  Summa: Mk. 151 000,00

f) bei 20 000 m:

    1 Kompressor etc.. . . . . Mk. 31 000,00

    20 000 m Leitung . . . . „ 240 000,00

                  Summa: Mk. 271 000,00

4. Ein 100pferdiges Triebwerk erfordert:

a) bei 100 m Länge:

    1 Kompressor mit 2 gekuppelten Cy-
lindern . . . . Mk. 25 600,00

    1 Luftsammler mit Anschlussröhren etc. „ 10 150,00

    1 Luftmotor . . . . „ 16 800,00

    100 m Rohrleitung von 0,2 m Dm., à 17 Mk. „ 1 700,00

                  Summa: Mk. 54 210,00

b) bei 500 m Leitung:

    1 Kompressor etc.. . . . . Mk. 52 550,00

    500 m Leitung . . . . „ 8 500,00

                  Summa: Mk. 61 050,00

c) bei 1000 m Leitung:

    1 Kompressor etc.. . . . . Mk. 52 550,00

    1000 m Leitung . . . . „ 17 000,00

                  Summa: Mk. 69 550,00

d) bei 5000 m Länge:

    1 Kompressor etc.. . . . . Mk. 52 550,00
    5000 m Leitung . . . . „   85 000,00
                                        Summa: Mk. 137 550,00

e) bei 10000 m Länge:

    1 Kompressor etc.. . . . . Mk. 52 550,00
    10 000 m Leitung . . . . „ ·170 000,00
                                        Summa: Mk. 222 550,00

f) bei 20000 m Länge:

    1 Kompressor etc.. . . . . Mk. 52 550,00
    20 000 m Leitung . . . . Mk. 340 000,00
                                        Summa; Mk. 392 550,00

Die für die Lufttriebwerke gefundenen Werthe sind, reducirt
auf eine Pferdestärke, in der folgenden Tabelle zusammengestellt.

Tabelle 3.

Es werden übertragen P. S.	Die Triebwerkslänge beträgt:					
	100 m	500 m	1000 m	5000 m	10000 m	20000 m
	$\mathcal{M}.$	$\mathcal{M}.$	$\mathcal{M}.$	$\mathcal{M}.$	$\mathcal{M}.$	$\mathcal{M}.$
5	1506	1986	4310	12310	22310	42310
10	1230	1480	1806	4366	7566	13966
50	644	740	860	1800	3020	5420
100	542	610	695	1375	2225	3925

Durch die entsprechenden Rechnungen, wie sie beim elektrischen und Wassertriebwerk ausgeführt wurden, kommt man
auf die folgenden Tabellen, welche die endgültigen Werthe für
Lufttriebwerke enthalten.

Tabelle A₃.

Preise in Mark für die nutzbare Pferdestärke und Stunde für Ueberleitung von Dampfkraft durch ein Lufttriebwerk.

Es werden über- tragen P. S.	Die Triebwerkslänge beträgt:					
	100 m	500 m	1000 m	5000 m	10000 m	20000 m
	$\mathcal{M}.$	$\mathcal{M}.$	$\mathcal{M}.$	$\mathcal{M}.$	$\mathcal{M}.$	$\mathcal{M}.$
5	0,225	0,247	0,275	0,483	0,794	1,396
10	0,212	0,224	0,239	0,373	0,521	0,863
50	0,168	0,176	0,182	0,230	0,295	0,441
100	0,167	0,170	0,174	0,218	0,258	0,375

Tabelle B₃.

Preise in Mark für die nutzbare Pferdestärke und Stunde bei Ueberleitung von Wasserkraft durch ein Lufttriebwerk.

Es werden über- tragen P. S.	Die Triebwerkslänge beträgt:					
	100 m	500 m	1000 m	5000 m	10000 m	20000 m
	$\mathcal{M}.$	$\mathcal{M}.$	$\mathcal{M}.$	$\mathcal{M}.$	$\mathcal{M}.$	$\mathcal{M}.$
5	0,033	0,039	0,048	0,106	0,200	0,371
10	0,029	0,032	0,037	0,073	0,118	0,331
50	0,018	0,021	0,023	0,037	0,054	0,090
100	0,018	0,019	0,020	0,030	0,042	0,069

IV.

Das Drahtseiltriebwerk.

§ 24.

Das Drahtseiltriebwerk wurde gegen 1850 von Hirn erfunden und ist das einfachste aller Ferntriebwerke.

Dem Princip nach ist es dem Riemengetriebe sehr ähnlich, während man jedoch den Riemen mit einer künstlichen Spannung auf die Scheiben legen muss, so dass die Länge desselben in der Ruhelage immer noch um ein gewisses Stück grösser als seine Naturlänge ist, legt man das Seil lose über die Rollen. Daher wird die Spannung an den Auflaufstellen nur durch das Eigengewicht herbeigeführt, woraus folgt, dass zwischen den Seilscheiben stets ein Seil von nicht zu geringer Länge hängen muss, damit die nöthige Reibungskraft an den Umfängen hervorgebracht wird. Diese Minimalentfernung der Rollenaxen kann zu circa 16 m angenommen werden.

Die Hauptrollen eines einfachen Seiltriebes erhalten allgemein gleiche Durchmesser, parallele Achsen und gemeinschaftliche Mittelebene. Ausserdem liegen die Rollenachsen meistens in einer Horizontalebene, so dass nur selten sogenannte schiefe Seiltriebe, bei denen die Rollenachsen verschieden hoch liegen, vorkommen.

Da man das Seil als einen vollkommen biegsamen Faden ansehen kann, dessen Eigengewicht über seine ganze Länge gleichmässig vertheilt ist, so wird die Kurve, in welcher sich das Seil aufhängt, eine gemeine Kettenlinie sein, deren tiefster Punkt sich in der Mitte zwischen den Rollen befindet. Die Durchsenkung des Seiles ist gegen die Rollenentfernung so gering, dass man von der genauen Form der Kettenlinie absehen und diese durch eine Parabel ersetzen kann, wodurch die Rechnung wesentlich vereinfacht wird. Die Durchsenkung, d. i. der Abstand des tiefsten Punktes von der horizontalen Verbindungslinie der Auflaufpunkte nennt man den „Pfeil".

Die Grösse der Seilspannung lässt sich, wie folgt, ermitteln: Wenn bezeichnet:

P die am Rollenumfang wirkend gedacht Widerstandskraft,

T_1 die Spannung des führenden Seiltrums,

T_2 „ „ „ geführten „

T_0 „ „ • beider in der Ruhelage,

so gilt für jeden Rollenbetrieb:

$$(40) \qquad T_1 - T_2 = P,$$

$$(41) \quad T_1 = \frac{e^{f\alpha} \cdot P}{e^{f\alpha} - 1}, \quad T_2 = \frac{P}{e^{f\alpha} - 1}, \quad T_0 = \frac{T_1 + T_2}{2},$$

wo α der Centriwinkel des vom Seil umspannten Bogens der Rolle, hier $= \pi$, ist.

f als Reibungskoefficient kann zu 0,24 angenommen werden, wodurch man erhält:

$$T_1 = 1,9\,P, \quad T_2 = 0,90\,P, \quad T_0 = 1,4\,P,$$

wofür man genügend genau setzen kann:

$$(42) \qquad T_1 = 2\,P, \quad T_2 = 1\,P, \quad T_0 = 1,5\,P.$$

Die Grösse von P ergiebt sich aus der bekannten Gleichung:

$$P = 716\,200 \cdot \frac{1}{R} \cdot \frac{N}{n},$$

wo bezeichnet:

R den Rollenhalbmesser in mm,

N die Zahl der zu übertragenden Pferdestärken,

n „ „ „ minutlichen Umdrehungen.

Aus P berechnen sich die Dimensionen des Drahtseiles. Dasselbe wird beansprucht durch eine Zugspannung, welche von T_1 herrührt und durch die Biegungsspannung, welche das Umlegen um die Scheibe zur Folge hat.

Die erstere ergiebt bei einem Seile, welches aus i Drähten vom Durchmesser δ zusammengedreht ist, eine Spannung k_1:

$$k_1 = \frac{T_1}{\frac{\delta^2 \pi}{4} \cdot i}.$$

Die zweite durch Biegung hervorgerufene Spannung wird:

$$k_2 = \frac{E \cdot \delta}{2 R},$$

wo E der Elasticitätsmodul des Eisens ist.

Lässt man eine Totalspannung von $k = 18 \frac{kg}{qmm}$ zu, so hat man:

$$k = k_1 + k_2 = 18,$$

oder:

$$k_1 = 18 - k_2 = 18 - \frac{10\,000 \cdot \delta}{R}.$$

Nach Reuleaux wird der Rollenhalbmesser R ein Minimum für $\frac{k_1}{k_2} = \frac{1}{2}$, woraus folgt:

$$k_1 = 6$$

und:

$$(43) \qquad \frac{\delta^2 \pi}{4} \cdot i = \frac{2\,p}{6} \text{ oder } i \cdot \delta^2 = 0{,}425\,p.$$

Für R muss man hiernach mindestens nehmen:

$$(44) \qquad R = \frac{10\,000\,\delta}{12} = 833\,\delta.$$

Von besonderer Wichtigkeit für den Seiltrieb ist die

Kenntniss der Pfeile, da für die Aufstellung sehr oft die Maximal-einsenkung gegeben ist.

Bezeichnet $2\,a$ die Rollenentfernung, f die Grösse des Pfeiles und α den Winkel, welchen das Seilende mit dem Horizonte bildet, so bedingt die parabolische Aufhängung folgende Gleichung:

$$\text{tg } \alpha = \frac{2f}{a} \quad \text{oder} \quad \sin \alpha = \frac{2f}{\sqrt{a^2 + (2f)^2}}.$$

Weiter ist:

$$\sin \alpha = \frac{\frac{G}{2}}{T},$$

wo G das Gewicht des Seiltrums bezeichnet. Daraus folgt:

$$\frac{G}{2\,T} = \frac{2f}{\sqrt{a^2 + (2f)^2}},$$

oder annähernd:

$$f = \frac{G \cdot a}{4\,F}.$$

Aus den Gleichungen (41) folgt weiter:

$$f_1 = \frac{G \cdot a}{8\,P}, \quad f_2 = \frac{G\,a}{4\,P}, \quad f_0 = \frac{G\,a}{6\,P}.$$

Hier ist zu setzen:

$$G = 0{,}00286\,P \cdot 2\,a = 0{,}00572\,Pa,$$

woraus sich ergiebt:

$$f_1 = 0{,}000179\,d^2, \quad f_2 = 0{,}000358\,d^2, \quad f_3 = 0{,}000238\,a^2.$$

Für einen Rollenabstand von 100 m ergeben sich hiernach die Einsenkungen:

$$f_1 = 1{,}79 \text{ m}, \quad f_2 = 0{,}58 \text{ m}, \quad f_0 = 2{,}38 \text{ m}.$$

Im Allgemeinen ist es wünschenswerth keine zu grossen Pfeile zu erhalten, wodurch man genöthigt wird, bei Entfernungen, welche 100 m überschreiten, das Seil in der Mitte zu unter stützen. Für sehr lange Seiltriebe errichtet man daher von 100 zu 100 m Rollenstationen.

Hierbei kann man nach 2 Methoden verfahren.

Bei der einen führt man das ganze Seil aus einem Stück aus. Alsdann müssen die Zwischenstationen je 2 selbstständig gelagerte Tragrollen enthalten. Wegen der grossen Länge des Seiles sind Reparaturen sehr schwer vorzunehmen, auch der Einfluss der Temperatur auf die Seillänge wird sehr fühlbar.

Bei der anderen führt man die Rollen doppelrillig aus und hat daher von Station zu Station besondere Seilstücke, welche leicht auszuwechseln und zu repariren sind. Diese Anordnung wird der folgenden Preisberechnung zu Grunde gelegt werden.

Die Arbeitsverluste, welche beim Seiltrieb auftreten, werden herbeigeführt:

1. durch Zapfenreibung,
2. „ Luftwiderstand,
3. „ Gleiten des Seiles auf der Scheibe,
4. „ Steifigkeit des Seiles.

Der erste Verlust ist der bedeutendste.
Bezeichnet hier:

f den Koefficient der Zapfenreibung,
d den Zapfendurchmesser und
p die Kraft, welche am Umfang der Rolle wirken muss,
   um das Moment der Zapfenreibung zu überwinden,

so ist:

$$f(T_1 + T_2)\,\frac{d}{2} = p \cdot R,$$

woraus folgt:

$$\frac{2p}{P} = f \cdot \frac{T_1 + T_2}{P} \cdot \frac{d}{R}.$$

Für die vorkommenden Fälle ist anzunehmen:

$$f = 0{,}1, \quad \frac{d}{R} = \frac{1}{15}, \quad T_1 + T_2 = 3\,P,$$

daher wird:

$$\frac{2p}{P} = 0{,}1 \cdot 3 \cdot \frac{1}{15} = 0{,}02.$$

Es gehen also durch Zapfenreibung $2\,^0/_0$ der eingeleiteten Arbeit verloren.

Der zweite Verlust durch Luftwiderstand kommt nur bei sehr langen Leitungen in Betracht. Nach Angaben von Guilleaume ist derselbe zu $^1/_3\,^0/_0$ für 30 m zu nehmen, also zu $1\,^0/_0$ für circa 100 m.

Der Gleitverlust kommt gar nicht in Betracht, denn er beträgt rechnungsweise höchstens $^1/_{50}\,^0/_0$ für eine Scheibe.

Der letzte Verlust durch Seilsteifigkeit wird dadurch herbeigeführt, dass das Seil beim Auflauf sich von der Scheibe abbiegt, beim Ablauf dagegen an dieselbe anschmiegt. Auf der einen Seite wird also der Radius um ein gewisses Stück grösser, auf der anderen Seite kleiner, so dass die Gleichung (40) die Form annimmt:

$$P \cdot R = T_1\,(R + \mathrm{m}) - T_2\,(R - m),$$

oder mit Rücksicht auf $T_1 + T_2 = 3\,P$:

$$P = (T_1 - T_2) - \frac{3\,m}{R} \cdot p.$$

Ohne Seilsteifigkeit war $P = T_1 - T_2$, es ist also durch $\dfrac{3\,m \cdot P}{R}$ der Verlust ausgedrückt. Durch Einsetzen der gebräuchlichen Verhältnisse erhält man einen Verlust von circa $0{,}5\,^0/_0$, demnach für 2 Rollen $1\,^0/_0$.

Der Gesammtverlust bei einem einfachen Seiltrieb ist also anzunehmen zu:

$$2 + 1 + 1 = 4\,^0/_0,$$

woraus folgt:

$$\eta = 0{,}96.$$

Das Resultat stimmt ungefähr mit den Angaben von Hirn überein, nach dem man mit einem Seil von 12 mm Stärke und 2 Scheiben von je 4 m Durchmesser bei 100 Umdrehungen in der Minute, also bei 21 m Seilgeschwindigkeit, 120 Pferdestärken 150 m weit übertragen kann, ohne dass mehr als vier Pferdestärken verloren gehen. Der Nutzeffekt würde hiernach:

$$\eta = \frac{120 - 4}{120} = 0{,}966.$$

Für die Zwischenstationen werden die Verluste bedeutend geringer, so dass man für Triebwerksanlagen von 1 Kilometer Länge immer noch einen Nutzeffekt von 0,90 erhält.

Die angestellten Versuche bestätigen die Richtigkeit der Rechnung. So ergab die bekannte Anlage zu Oberursel bei Frankfurt a. M., wo circa 100 Pferdestärken in 8 Abtheilungen zu je 125 m Länge, also 1000 m weit übertragen werden, im Ganzen einen Verlust von nur 8 Pferdestärken, oder einen Nutzeffekt von:

$$\eta = \frac{100 - 8}{100} = 0{,}92.$$

Für Entfernungen von einem Kilometer an kann man für je 100 m eine Zwischenstation und auch 1% Arbeitsverlust annehmen.

Man erhält dadurch folgende Reihe von Werthen:

für	100 m Triebwerkslänge	$\eta = 0{,}96$	
„	500 „	„	$\eta = 0{,}93,$
„	1 000 „	„	$\eta = 0{,}99^{10} = 0{,}904,$
„	5 000 „	„	$\eta = 0{,}99^{50} = 0{,}605,$
„	10 000 „	„	$\eta = 0{,}99^{100} = 0{,}366,$
„	20 005 „	„	$\eta = 0{,}99^{200} = 0{,}134.$

Obgleich der Nutzeffekt für Längen bis zu 1 Kilometer sehr günstig ist, so nimmt er doch sehr schnell ab, so dass er schon für 5000 m den für die übrigen Triebwerke gefundenen Werthen gleichkommt.

§ 25.

Die Kosten der Drahtseiltriebwerke*) sind aus folgenden Zusammenstellungen ersichtlich:

1. Ein 5pferdiges Triebwerk erfordert:

a) bei 100 m Länge:

ca. 200 m Drahtseil von 7 mm Dm., per 100 m 18 Mk. . . . Mk.	36,00
2 einrillige Rollen von 1,250 m Dm., à 105 Mk. . . . „	210,00
2 Lagerstühle à 210 Mk. . . . . . . „	420,00
Summa: Mk.	666,00

b) bei 500 m Länge:

Zu den unter a) berechneten . . . . Mk.	666,00
kommen hinzu:	
ca. 800 m Seil . . . . „	144,00
4 zweirillige Rollen von 1,250 m Dm., à 190 Mk. . . „	760,00
4 Lagerstühle à 400 Mk. . . . . . . „	1 600,00
Summa: Mk.	3 170,00

c) bei 1000 m Länge:

Es kommen zu den unter a) berechneten Mk.	666,00
1800 m Seil . . . . „	324,00
9 zweirillige Rollen mit Lagerstühlen . „	5 310,00
Summa: Mk.	6 300,00

---

*) Die Preise sind dem Verzeichniss von Felten u. Guilleaume in Mülheim entnommen.

d) bei 5000 m Entfernung:

Es kommen hinzu zu den unter a) be-		
rechneten	Mk.	666,00
9800 m Seil	„	1765,00
49 zweirillige Rollen mit Lagerstühlen	„	28910,00
Summa:	Mk.	31341,00

e) bei 10000 m Entfernung:

Es kommen zu den unter a) berechneten	Mk.	666,00
19800 m Seil	„	3564,00
99 zweirillige Rollen mit Lagerstühlen	„	58410,00
Summa:	Mk.	62630,00

f) bei 20000 m Entfernung:

Es kommen zu den unter a) berechneten	Mk.	666,00
39800 m Seil	„	7164,00
199 zweirillige Rollen etc.	„	117410,00
Summa:	Mk.	125240,00

2. Ein 10pferdiges Triebwerk erfordert:

a) bei 100 m Entfernung:

ca. 200 m Seil von 8 mm Dm.,		
per 100 m 23 Mk. . .	Mk.	46,00
2 einrillige Rollen von 2 m Dm., à 240 Mk.	„	480,00
2 Lagergestelle à 260 Mk.	„	520,00
Summa:	Mk.	1046,00

b) bei 500 m Entfernung:

ca. 1000 m Seil	Mk.	230,00
2 einrillige Rollen mit Lagergestell . .	„	1000,00
4 zweirillige Rollen à 475 Mk.	„	1900,00
4 Lagergestelle à 425 Mk.	„	1700,00
Summa:	Mk.	4830,00

c) bei 1000 m Länge:

2000 m Seil	Mk.	460,00
2 einrillige Rollen mit Gestellen . .	„	1000,00
9 zwei „ „ „ „ . .	„	8100,00
	Summa: Mk.	9560,00

d) bei 5000 m Länge:

ca. 10000 m Seil	Mk.	2300,00
2 einrillige Rollen etc..	„	1000,00
49 zwei „ „ „	„	44100,00
	Summa: Mk.	47400,00

e) bei 10000 m Länge:

ca. 20000 m Seil	Mk.	4600,00
2 einrillige Rollen etc.	„	1000,00
99 zwei „ „ „	„	89100,00
	Summa: Mk.	94700,00

f) bei 20000 m Länge:

40000 m Seil	Mk.	9200,00
2 einrillige Rollen etc.	Mk.	1000,00
199 zwei „ „ „	„	179100,00
	Summa: Mk.	189300,00

3. Ein 50pferdiges Triebwerk erfordert:

a) bei 100 m Länge:

200 m Seil von 13 mm Dm., per 100 m 48 Mk. . .	Mk.	96,00
2 einrillige Rollen von 3,25 m Dm., à 600 Mk. . .	„	1200,00
2 Lagergestelle à 275 Mk.	„	550,00
	Summa: Mk.	1846,00

b) bei 500 m Länge:

1000 m Seil	Mk.	480,00
2 einrillige Rollen mit Gestell . . .	„	1 750,00
4 zwei „ „ à 830 Mk. . . .	„	3 320,00
4 Lagergestelle, à 470 Mk.	„	1 880,00
	Summa: Mk.	7 430,00

c) bei 1000 m Länge:

2000 m Seil	Mk.	960,00
2 einrillige Rollen mit Gestell . . .	„	1 750,00
9 zwei „ „ „ „ . . .	„	11 700,00
	Summa: Mk.	14 410,00

d) bei 5000 m Länge:

10000 m Seil	Mk.	4 800,00
2 einrillige Rollen mit Gestell . . .	„	1 750,00
49 zwei „ „ „ „ . . .	„	63 700,00
	Summa: Mk.	70 250,00

e) bei 10000 m Länge:

20000 m Seil	Mk.	9 600,00
2 einrillige Rollen mit Gestell . . .	Mk.	1 750,00
99 zwei „ „ „ „ . . .	„	128 790,00
	Summa: Mk.	140 050,00

f) bei 20000 m Länge:

40000 m Seil	Mk.	19 200,00
2 einrillige Rollen etc.	„	1 750,00
199 zwei „ „ „	„	258 700,00
	Summa: Mk.	279 650,00

4. Ein 100pferdiges Triebwerk erfordert:

a) bei 100 m Länge:

200 m Seil von 19 m Dm., per 100 m 79 Mk.	Mk.	158,00
2 einrillige Scheiben von 3,6 m Dm., à 735 Mk. . .	Mk.	1 470,00
2 Lagergestelle à 315 Mk.	„	630,00
Summa:	Mk.	2 258,00

b) bei 500 m Länge:

1000 m Seil	Mk.	790,00
2 einrillige Röllen mit Gestell	„	2 100,00
4 zweirillige Rollen, à 980 Mk. . . .	„	3 920,00
4 Lagerstühle à 520 Mk.	„	2 080,00
Summa:	Mk.	8 890,00

c) bei 1000 m Länge:

2000 m Seil	Mk.	1 580,00
2 einrillige Rollen etc.	Mk.	2 100,00
9 zwei „ „ „	„	13 500,00
Summa:	Mk.	17 180,00

d) bei 5000 m Länge:

10 000 m Seil	Mk.	7 900,00
2 einrillige Rollen	„	2 100,00
49 zwei „ „ mit Gestell . . .	„	73 500,00
Summa:	Mk.	83 500,00

e) bei 10 000 m Länge:

20 000 m Seil	Mk.	15 800,00
2 einrillige Rollen etc.	„	2 100,00
99 zwei „ „ „	„	148 590,00
Summa:	Mk.	166 400,00

f) bei 20000 m Länge:

$$
\begin{array}{lr}
\text{40000 m Seil } \ldots \ldots \ldots \ldots & \text{Mk. } 31\,600{,}00 \\
\text{2 \quad einrillige Rollen etc. } \ldots \ldots & \text{„ } 2\,100{,}00 \\
\text{199 zwei „ \qquad „ \qquad „ } \ldots \ldots & \text{„ } 298\,500{,}00 \\
\hline
& \text{Summa: Mk. } 332\,200{,}00
\end{array}
$$

Wie die gefundenen Werthe zeigen, nehmen die Kosten fast direkt wie die Triebwerkslängen zu. In Folge dessen sind sie für kleine Entfernungen im Vergleich zu denen der übrigen Triebwerke äusserst gering, für grosse dagegen bedeutend höher. Sie sind auf die Pferdestärke reducirt in der folgenden Tabelle zusammengestellt.

Tabelle 4.

Es werden übertragen P. S.	Die Triebwerkslänge beträgt:					
	100 m	500 m	1000 m	5000 m	10000 m	20000 m
	$\mathcal{M}.$	$\mathcal{M}.$	$\mathcal{M}.$	$\mathcal{M}.$	$\mathcal{M}.$	$\mathcal{M}.$
5	132	634	1260	6268	12526	25048
10	104	483	956	4740	9470	18930
50	37	148	288	1405	2800	5573
100	22	89	172	835	1664	3322

Auf demselben Wege, wie bei den übrigen Triebwerken kommt man zu den folgenden Tabellen:

Tabelle A_4.

Preise in Mark für die nutzbare Pferdestärke und Stunde bei Uebertragung von Dampfkraft durch ein Drahtseiltriebwerk.

Es werden übertragen P S.	Die Triebwerkslänge beträgt:					
	100 m	500 m	1000 m	5000 m	10000 m	20000 m
	$\mathcal{M}.$	$\mathcal{M}.$	$\mathcal{M}.$	$\mathcal{M}.$	$\mathcal{M}.$	$\mathcal{M}.$
5	0,094	0,122	0,157	0,455	0,868	1,899
10	0,093	0,115	0,142	0,375	0,709	1,593
50	0,090	0,098	0,108	0,212	0,376	0,925
100	0,019	0,095	0,102	0,184	0,319	0,813

Tabelle B₄.

Preise in Mark für die nutzbare Pferdestärke und Stunde bei Uebertragung
von Wasserkraft durch ein Drahtseiltriebwerk.

Es werden über- tragen P. S.	Die Triebwerkslänge beträgt:					
	100 m	500 m	1000 m	5000 m	10000 m	20000 m
	ℳ.	ℳ.	ℳ.	ℳ.	ℳ.	ℳ.
5	0,009	0,016	0,025	0,104	0,207	0,406
10	0,008	0,014	0,021	0,080	0,159	0,333
50	0,008	0,009	0,010	0,032	0,060	0,134
100	0,007	0,008	0,009	0,023	0,042	0,099

Somit sind in den einzelnen Kapiteln all die Werthe zusammengestellt, welche eine zuverlässige Vergleichung der einzelnen Systeme zulassen.

V.

Schlussbetrachtung.

§ 26.

Nachdem in dem vorhergehenden alle Daten und Zahlen gesammelt sind, welche für die Beurtheilung eines Triebwerkes nothwendig erscheinen, soll jetzt dazu übergegangen werden, diese Resultate dazu zu benutzen, eine eingehende Vergleichung der einzelnen Ferntriebwerkssysteme vorzunehmen.

Zunächst sind die Werthe für die Gesammtnutzeffekte in der folgenden Tabelle I zusammengestellt:

Tabelle I.

Nutzeffekte der Triebwerkssysteme für verschiedene Triebwerkslängen.

Triebwerks-Länge:	Elektrisches Triebwerk:	Wasser-Triebwerk:	Luft-Triebwerk:	Drahtseil-Triebwerk:
a) 100 m	0,69	0,50 (0,65)	0,55 (0,60)	0.96
b) 500 „	0,68	0,50 (0,65)	0,55 (0,60)	0,93
c) 1 000 „	0,66	0,50 (0,65)	0,55 (0,60)	0,90
d) 5 000 „	0,60	0,40 (0,55)	0,50 (0,55)	0,60
e) 10 000 „	0,51	0,35 (0,45)	0,50 (0,55)	0,36
f) 20 000 „	0,32	0,20 (0,25)	0,40 (0,55)	0,13

Die Zahlen in ( ) gelten für Uebertragung grösserer Kräfte.

Man ersieht, dass der Gesammtnutzeffekt des Drahtseiltriebwerkes bis zu Längen von 5 Kilometern die höchsten Werthe
aufweist, dann aber schnell sinkt und für 20 Kilometer einen
ungemein ungünstigen Werth annimmt. Ueber 5 Kilometer hinaus
tritt das elektrische Triebwerk an die Spitze und wird nur für
grosse Entfernungen von der Luft überholt. Die Merkwürdigkeit
wird am besten aufgeklärt durch Betrachtung der Verluste, welche
sich für die Leitungen des elektrischen, Wasser- und Lufttriebwerkes ergeben haben. Es hatten sich hier die Werthe herausgestellt:

$$0{,}135 - 0{,}67 - 1{,}35 - 6{,}75 - 13{,}5 - 27\%\ (\text{elektr. Tr.}),$$
$$0{,}3 - 1{,}5 - 3 - 15 - 30 - 60\%\ (\text{Wasser-Tr.}),$$
$$0{,}135 - 0{,}67 - 1{,}3 - 6{,}75 - 13{,}5 - 27\%\ (\text{Luft-Tr.}).$$

Es zeigt sich also, dass bei den gewählten Dimensionen
der Verlust in der elektrischen Leitung ebenso hoch ist, als der
in einer Luftröhre, und die Verschiedenheit im Gesammtnutzeffekt rührt nur von dem verschiedenen Verhalten der Vorder-
und Hintermaschinen her, denn der einer dynamoelektrischen
wird niedriger mit wachsendem äusseren Widerstand, da hierbei
auch der innere Widerstand der Maschine zunimmt, während der
des Luftkompressors, obgleich dieser anfänglich niedriger ist,
als der einer Dynamomaschine, nahezu konstant bleibt. Das
Drahtseiltriebwerk wird desshalb so ungünstig, weil der Verlust
pro Kilometer fast 10%, also den 7-fachen Werth des elektrischen Verlustes annimmt.

Die Verluste in einem Wasserrohr erweisen sich ebenfalls
sehr hoch und können auch nicht durch den günstigen Effekt
der Druckpumpe ausgeglichen werden.

In der folgenden Tabelle sind die Unkosten zusammengestellt, welche die Anlage der Triebwerke verursacht, dieselbe
enthält also die Tabellen 1, 2, 3 und 4, welche in den einzelnen
Kapiteln berechnet sind.

Tabelle II.

Kosten in Mark für die Anlage der Triebwerke bei verschiedenen Längen,
reducirt auf eine Pferdestärke.

Es werden übertragen: P. S.	Das Triebwerk ist ein:	Die Triebwerkslänge beträgt:					
		100 m	500 m	1000 m	5000 m	10 000 m	20 000 m
		M.	*M.*	*M.*	*M.*	*M.*	*M.*
5	elektrisches	1534	1590	1660	2220	2920	4320
	Wasser-	843	1355	1995	7115	13515	26315
	Luft-	1506	1986	4310	12310	22310	42310
	Drahtseil-	132	634	1260	6268	15526	25048
10	elektrisches	1060	1102	1155	1570	2100	3150
	Wasser-	614	934	1334	4534	8534	16534
	Luft-	1230	1480	1806	4366	7566	13966
	Drahtseil-	104	483	956	4740	9470	18930
50	elektrisches	812	836	866	1106	1406	2006
	Wasser-	314	442	612	1862	3482	6682
	Luft-	644	740	860	1800	3020	5420
	Drahtseil-	37	148	288	1405	2800	5573
100	elektrisches	655	677	706	920	1210	1770
	Wasser-	289	413	568	1808	3358	6358
	Luft-	542	610	695	1375	2225	3925
	Drahtseil-	22	89	172	835	1664	3322

Auch hier sind die Werthe für das Drahtseiltriebwerk bis
zu Längen von ungefähr 3 Kilometern niedriger als die übrigen,
während von hier ab, die Anlage eines elektrischen Triebwerkes
bei weitem die günstigste ist. Wie man sieht, sind die Kosten

dieses elektrischen Triebwerkes für geringe Längen gegenüber den anderen Systemen sehr erheblich. Es liegt dieses in der Hauptsache daran, dass die Kosten der dynamoelektrischen Maschinen sehr hoch sind, und nur annähernd von denen der Luftkompressoren erreicht werden. Erst für grössere Längen, wo die billige elektrische Leitung mehr ins Gewicht fällt, stellen sich die Kosten niedriger.

Vergleicht man die Leitungen mit einander, so sieht man zunächst, dass man z. B. 10 Pferdestärken übertragen kann mittelst eines 3,2 mm Kupferdrahtes, eines 100 mm weiten Wasserrohrs, einer 80 mm weiten Luftröhre oder schliesslich eines 8 mm starken Drahtseiles. Die Kosten dieser für je 100 m verhalten sich wie:

$$32 \; : 800 \; : 640 \; : 23 =$$
$$1,4 : \; 34,8 : \; 27,8 : \; 1.$$

Während die Kosten der drei ersten Systeme sich durch die Interpolationsformel annähern lassen, $a + bk$, wo a die Kosten der Vorder- und Hintermaschine, b einen Koefficienten für die Leitung, deren Länge durch k ausgedrückt wird, darstellen, kann man für die des Drahtseiltriebes setzen $a_1 k$. Beide stellen in rechtwinkligen Koordinaten gerade Linien dar, von denen die erstere steil vom Anfangspunkt aufsteigt, während die andere von einem Punkt der Ordinatenaxe weniger steil ausgeht, so dass beide sich für bestimmte Triebwerkslängen schneiden und so den Punkt angeben, bis zu welchem das Drahtseiltriebwerk billiger ist, als die übrigen Systeme.

Aber wie schon in der Einleitung bemerkt wurde, ist es weder der Nutzeffekt eines Triebwerkes, noch sind es die Anlagekosten, welche die Güte des Systems allgemein beurtheilen lassen. Vielmehr muss man die Zahlen zusammenstellen, welche den Preis für die nutzbare Pferdestärke und Stunde angeben. Dieselben sind nach den einzelnen Tabellen A und B zu der Tabelle III vereinigt.

Tabelle

Preise in Mark für die nutzbare Pferdestärke und
der Kraftübertragung

Es werden übertragen: P. S.	Das Triebwerk ist ein:	A. Die Dampfkraftmaschine ist entfernt:					
		100 m	500 m	1000 m	5000 m	10 000 m	20 000 m
		_M._	_M._	_M._	_M._	_M._	_M._
5	elektrisches	0,188	0,194	0,201	0,239	0,274	0,433
	Wasser-	0,209	0,236	0,263	0,544	0,873	1,653
	Luft-	0,225	0,247	0,275	0,438	0,794	1,396
	Drahtseil-	0,094	0,122	0,157	0,455	0,868	1,899
10	elektrisches	0,167	0,173	0,178	0,211	0,258	0,403
	Wasser-	0,198	0,213	0,232	0,423	0,641	1,196
	Luft-	0,212	0,224	0,239	0,373	0,521	0,863
	Drahtseil-	0,093	0,115	0,142	0,375	0,709	1,593
50	elektrisches	0,156	0,161	0,166	0,190	0,227	0,353
	Wasser-	0,136	0,142	0,150	0,242	0,351	0,651
	Luft-	0,168	0,176	0,182	0,239	0,295	0,441
	Drahtseil-	0,090	0,098	0,108	0,212	0,376	0,925
100	elektrisches	0,149	0,154	0,159	0,182	0,219	0,340
	Wasser-	0,135	0,141	0,148	0,239	0,345	0,570
	Luft-	0,167	0,170	0,174	0,218	0,258	0,375
	Drahtseil-	0,089	0,095	0,102	0,184	0,319	0,813
Benutzung der Wasserleitung (Berlin)		2,275	2,275	2,275	2,275	2,275	2,275
Gaskraft		0,255	0,255	0,255	0,255	0,255	0,255

III.

Stunde bei Annahme verschiedener Arten und Grössen
wie Krafterzeugung.

Eine Dampfmaschine steht am Ort der Benutzung:	B. Die Wasserkraftmaschine ist entfernt:					
	100 m	500 m	1000 m	5000 m	10 000 m	20 000 m
ℳ.	ℳ.	ℳ.	ℳ.	ℳ.	ℳ.	ℳ.
0,316	0,029	0,030	0,031	0,037	0,043	0,070
„	0,024	0,032	0,040	0,115	0,208	0,399
„	0,033	0,039	0,048	0,106	0,200	0,371
„	0,009	0,016	0,025	0,104	0,207	0,406
0,219	0,022	0,023	0,024	0,030	0,039	0,059
„	0,021	0,025	0,031	0,079	0,138	0,264
„	0,029	0,032	0,037	0,073	0,118	0,331
„	0,008	0,014	0,021	0,080	0,159	0,333
0,085	0,019	0,020	0,022	0,024	0,026	0,046
„	0,013	0,015	0,018	0,038	0,063	0,119
„	0,018	0,021	0,023	0,037	0,054	0,090
„	0,008	0,009	0,011	0,032	0,060	0,134
0,085	0,017	0,018	0,019	0,022	0,027	0,042
„	0,013	0,014	0,016	0,036	0,060	0,095
„	0,018	0,019	0,020	0,030	0,042	0,069
„	0,007	0,008	0,009	0,023	0,042	0,099
Wasserleitung (Zürich)	0,800	0,800	0,800	0,800	0,800	0,800
0,255	0,255	0,255	0,255	0,255	0,255	0,255

Wenn man hier zunächst annimmt, dass die örtlichen Verhältnisse für die Anlage eines jeden Triebwerkes gleich günstig sind, und weiter von allen Nebenzwecken, welche die Wahl von diesem oder jenem rathsam erscheinen lassen, absieht, so sind, wie die Tabelle zeigt, das elektrische und das Drahtseiltriebwerk für die Uebertragung am geeignetsten, und zwar liefert bis zu Längen von ca. 1 Kilometer das letztere die billigste Triebkraft, während darüber hinaus das erstere günstiger wirkt.

Es ergiebt sich hier das interessante Resultat, dass man die Triebkraft von einem Wassermotor bis zu Entfernungen von über 20 Kilometer fortleiten kann, ohne dass dieselbe theurer als eine am Orte der Verwendung erzeugte Dampfkraft wird. Für das elektrische Triebwerk liegt diese Grenze bei ca. 30 Kilometer Entfernung, sodass man also einen Kreis mit dem Radius von 30 Kilometer um den Ort, wo eine billige Wasserkraft gewonnen wird, beschreiben kann als die Grenze innerhalb der jene der Industrie zum Nutzen gereicht, während ausserhalb die Anlage einzelner Dampfmaschinen ökonomischer ist. Man darf hierbei allerdings nicht vergessen, dass erstlich der Werth der Triebkraft am Motor sehr gering angenommen ist, wie er wohl nicht allzu oft in der Wirklichkeit vorkommt, dass auch der Nutzeffekt des elektrischen Triebwerkes ziemlich hoch angenommen ist, da für seine Berechnung Annahmen gemacht sind, die wohl durch die Versuche von Marcel Deprez gerechtfertigt, aber doch nicht durch ausgeführte Anlagen vertreten sind. Immerhin wird aber auch bei weniger günstigen Verhältnissen eine Uebertragung bis zu 20 Kilometern ohne Bedenken ökonomisch sein.

Anders gestalten sich die Resultate, wenn der Wassermotor durch eine Grossdampfmaschine ersetzt wird. Wenn hier zunächst alle 4 Systeme gleichmässig in Betracht zu ziehen sind, d. h. die örtlichen Verhältnisse und Zwecke der Anlage eines jeden Systemes gleich günstig sind, so liefert das Drahtseil, bis auf wenige Fälle, wo das elektrische Triebwerk an seine Stelle

tritt, bei weitem das günstigste Resultat. Wenn man nun die
Triebkraft nach vereinzelten Punkten hin übertragen will, so ist
auch die Anlage eines Drahtseiltriebwerkes sehr gut auszuführen.
Will man aber ein weit verzweigtes Triebwerk anlegen, wie es
z. B. die Kraftvermiethung in Städten erfordert, so bietet eine
Drahtseilanlage wegen der vielfachen Theilungen und Richtungs-
änderungen ungemeine Schwierigkeiten, sodass hierfür ausschliesslich die drei übrigen Systeme in Betracht zu ziehen sind. Allerdings sind die Zahlen der Tabelle III nur für einfache Triebwerke berechnet, aber wenn auch die durchschnittlichen Kosten
einer centralisirten Anlage etwas geringer werden, so wird man
immerhin annehmen können, dass das gegenseitige Verhältniss
der angegebenen Werthe dasselbe bleibt, und dass daher eine
Beurtheilung der Triebwerke nach der Tabelle wohl möglich ist.
Zunächst ersicht man, dass derartige Anlagen nur für das Kleingewerbe von Vortheil werden können, denn für alle Werkstätten,
welche 10 P. S. und darüber gebrauchen, wird die Aufstellung
eines eigenen Motors billiger. Aber selbst für den Kleinkraft-
bedarf ist der Nutzen durch die enge Grenze der Oekonomie
eingeschränkt. Für Entfernungen bis zu 1 km ist der Unterschied zwischen allen gering, nur das elektrische Triebwerk ist
um wenige Pfennige vortheilhafter, und erst über diese Entfernung hinaus wird dasselbe wesentlich günstiger als die anderen.
Der Preis pro Stunde und Pferd ist bei Entfernungen von $\frac{1}{2}$ km
20 Pfg., von 1 km 22,5 Pfg. und noch für 12 km 30 Pfg.,
während für Wasser- und Lufttriebwerk dieser höchste Preis
schon bei 1,5 bis 2 km eintritt. Da unsere heutigen Wasser-
leitungen diese Länge bedeutend überschreiten, und ausserdem
der Druck bei ihnen viel geringer ist, als der, welcher der Nutz-
effektberechnung zu Grunde gelegt war, sodass ein erheblich
grösserer procentueller Energieverlust auftritt, so ist es nicht
wunderbar, wesshalb dieselben eine so enorm theure Triebkraft
liefern. Aus demselben Grunde ist vor Jahren das Projekt von
Sommeiller, welcher in Paris allen Häusern und Werkstätten

billige Triebkraft durch ein weit verzweigtes Kompressionsluft-
triebwerk zuführen wollte, unausgeführt geblieben, und wenn in
jüngster Zeit für dieselbe Stadt die Anlage eines ausgedehnten
Vakuumtriebwerkes in Vorschlag gebracht ist, so kann man auch
diesem Unternehmen sein Schicksal vorhersagen. Wasser und
Luft sind also von der Elektricität weit überholt, und wenn man
die Triebkraft von einer Centraldampfmaschine aus bis zu einem
Umkreise von ca. 10 km fortleiten und vermiethen wollte, so
könnte dies rationell nur mit Hülfe der letzteren ausgeführt
werden.

Hier drängt sich die Frage auf: In welches Verhältniss
stellen sich zu dieser elektrischen Kraftvermiethung, welche lediglich
dem Kleingewerbe zu Gute kommen soll, die Kleinmotoren,
und als Vertreter dieser die Gaskraftmaschine? Es ist ein merk-
würdiger Zufall, dass gerade das Gas und die Elektricität, welche
schon seit Jahren auf dem Felde der Beleuchtung zusammenge-
stossen sind, auch hier in der Triebkraftfrage einander gegenüber stehen.

Wie die früheren Rechnungen gezeigt haben, kostet die von
einer Gaskraftmaschine erzeugte Pferdestärke 25,5 Pfennige pro
Stunde und Pferdestärke. Nimmt man den Durchschnitt der
Zahlen, wie sie in der Tabelle für das elektrische Triebwerk
gegeben sind, so erhält man einen fast ebenso hohen Werth.
Anders wird das Verhältniss, wenn man von einer so weiten
Ausdehnung des Triebwerkes absieht, und das ganze mit Triebkraft zu versorgende Gebiet in kleinere Felder eintheilt, von
denen jedes seine eigene Dampfmaschinen-Station im Centrum
hat. Würde man diese Bezirke als Quadrate mit 8—10 Kilometer Seite ausführen, so könnte man immer noch die Pferdestärke für ca. 20 Pfennige pro Stunde liefern. Man hat daher
ein Verhältniss wie $20:25 = 4:5$, also ein für das elektrische
Triebwerk sehr günstiges Resultat.

In der Praxis kommen vielfach Fälle vor, wo man der örtlichen Verhältnisse halber von der Aufstellung eines selbststän-

digen Motors am Orte der Kraftausnutzung Abstand nehmen
muss und ebenso nur wenige Triebwerkssysteme anwenden kann.
So sind für den Bergwerks- und Tunnelbau nur das Luft- und
elektrische Triebwerk anwendbar. Betrachtet man hier die
Zahlen, welche für die 10pferdigen Triebwerke gefunden sind,
so ist bei Annahme von Dampfkraft, wie für Bergwerke meistens
zutreffend ist, das elektrische Triebwerk wesentlich billiger.
Dasselbe gilt für Annahme von Wasserkraft, wie sie beim Tunnelbau in der Regel vorhanden ist. Bei Uebertragung grösserer
Kräfte sind die Zahlen bis zu 5 km Entfernungen ziemlich über-
einstimmend, und erst von hier wird der Unterschied zu Gunsten
des elektrischen Triebwerkes erheblich. Ausserdem ist die Ausführung des elektrischen Triebwerkes ungleich leichter, als die
eines Lufttriebwerkes, denn die Verlängerung der Luftleitung
beim Vorschreiten der Bergarbeiten und der bewegliche Anschluss
an die Steinbohrmaschinen bereiten gerade in den engen Berg-
werksgängen grosse Scwierigkeiten. Aber andererseits ist mit
dem Betriebe der Bohrmaschinen durch Luft stets eine genügend
lebhafte Ventilation verbunden, während hierzu bei Verwerthung
eines elektrischen Triebwerkes eine besondere Anlage nöthig ist.
Jedoch ist der Vortheil der leichteren Ausführung und der
grösseren Billigkeit so überwiegend, dass für alle Fälle, wo die
Funken der Schleifbürsten keine Explosionen herbeiführen können,
das elektrische Triebwerk den hohen Vorzug verdient, zumal
sich mit demselben eine explosionssichere Glühlampenbeleuchtung
vereinigen lässt.

Wasser erscheint für die Uebertragung von Triebkraft am
wenigsten geeignet und wird nur da mit Vortheil verwendet
werden können, wo es sich nicht um die übertragene Arbeit,
sondern vielmehr um den übertragenen und vervielfältigten Druck
handelt, wie es für hydraulische Pressen und Hebevorrichtungen
zutreffend ist.

Wirft man noch einmal einen Rückblick auf die gefundenen
Resultate, so sieht man, dass für all die Fälle, in denen die

Anwendung eines Drahtseiltriebwerkes ausgeschlossen ist, das elektrische Triebwerk vor dem Wasser- und Luft-Triebwerb bei weitem den Vorzug verdient, und auch den Gaskraftmaschinen bis zu 5 km Triebwerkslänge voraus ist. Wenn hingegen auch das Drahtseiltriebwerk in Betracht zu ziehen ist, so liefert dieses bis zu Längen von 1 Kilometer eine wesentlich billigere Kraft, als die übrigen, und erst zwischen 1 und 5 km tritt das elektrische wieder an die Spitze.

Somit ist schon jetzt das elektrische Triebwerk fähig, in unendlich vielen Fällen für die übrigen Systeme einzutreten, und je weiter man in der Konstruktion der dynamoelektrischen Maschinen vorschreiten wird, desto mehr wird sich das Feld der Anwendbarkeit ausdehnen, und desto weiter wird sich die Grenze hinausschieben, bis zu welcher eine rationelle Uebertragung von Triebkraft überhaupt möglich ist.

Buchdruckerei von Gustav Schade (Otto Francke) in Berlin N.